池上萬奈　著

エネルギー資源と日本外交

―化石燃料政策の変容を通して　１９４５年～２０２１年―

芙蓉書房出版

はじめに

一九七三年のオイルショック当時、私は大学の卒業論文提出を間近に控え、家で閉じこもりの生活をしていた。ある日、息抜きの散歩がてらで見たものは、食料品も日用雑貨もほとんどないスーパーマーケットの前で次の入荷を待っている人々の長い行列、高値を期待して売り惜しみをしている米店、異常な光景だった。その時、欧州は国連決議に従わないイスラエルを非難したことでアラブ産油国から石油の供給を約束されたのに、なぜ日本はイスラエルを非難する声明を発表できないのか。この異常事態を解決するには石油の供給確保という保証が必要なのではないかという考えが頭をよぎった。数日後、日本がついにイスラエル非難の声明を発表した時、日本もやっと米国の反対を押し切って発表したとの報道が流れたのだが、はたして反対を押し切ることができるのか、日米間でどのような交渉をしたのだろうか、それをいつか解明したいと思うようになった。これが、その後三〇年余りを経て、大学院で第一次石油危機と日本外交を主題とした研究を始めることとなった原点なのである。

最近、気候温暖化、温室効果ガス排出削減、石炭や石油の抑制という言葉が世の中に頻繁に出てくるようになった一方で、石油輸出国機構ＯＰＥＣの原油減産、原油価格の高騰、それに対抗する石油消費国による国家の石油備蓄放出等の報道もあり、いったい我が国のエネルギー資源における政策はどうなっているのかという関心が高まってきた。
エネルギー資源に乏しい日本が、その安定供給確保のために、「資源保有国との二国間外交」並びに「国際石油市場安定のための多国間協調外交」を積極的に行うようになったのは、一九七三年秋に始まった第一次石油危機（オイルショック）を経験したことによるものだが、さらに二一世紀に入ると、日本の資源外交のプライオリティは、気候変動の問題と連動する形で「エネルギー効率改善を通じた需要の抑制」という項目が加わることになった*1。これはエネルギー安全保障として資源の安定供給確保を第一命題としながらも、資源の使い方、つまり地球規模の課題である気候変動問題・温室効果ガス排出削減の観点からの対応をも日本外交に求められてきている証左である*2。

一九四五年に終戦を迎えた時から、日本が経済発展をしていくために必要なエネルギー資源をいかに確保してきたのか。また、それまでのエネルギー資源確保の政策に大打撃を与えた一九七三年のオイルショックによって、どのように政策を転換させたのか。石油産油国との調和を図りながら石油消費国の一員として、あるいは、国際社会の一員として、日本が果たしてきた役割とは。そして二一世紀になって気候温暖化の問題が顕在化することで生じてきた、石油の確保と同時に石油の消費抑制という異なる方向の問題にいかに対処するべきか。

以上のような問題意識のもと、本書は、エネルギー資源である石油を主とした化石燃料政策における日本外交を、対米協調や国際協調とのバランスをどのようにとって国際社会の変化に対応してきたのかという視角から、さらに、今後のエネルギー資源政策における日本外交の課題とは何なのかを考察するものである。

註

1　外務省『外交青書　二〇〇九』参照。日本の資源外交のプライオリティは、「安定供給の確保」「国際機関との連携強化、国際協調・協力の推進」「エネルギー効率改善を通じた需要の抑制」。

2　日本の温室効果ガス排出量結果（環境省）によれば、二〇一六年一三〇七（百万トン）のうち、エネルギー起源ＣＯ２排出量は八六・三％。

エネルギー資源と日本外交　目次

第一章
戦後日本の石油政策

1　国際石油資本依存の体制

（1）占領初期の対日石油政策

第一次石油危機（オイルショック）で日本社会が混乱状態に陥るまで、日本はどのような石油政策をとっていたのであろうか。それは、戦後の連合国軍最高司令官総司令部（ＧＨＱ）による占領初期の対日政策から始まっていた。日本の非軍事化と民主改革を基本とする占領政策により、軍事物資であった石油を扱う日本の石油産業はその機能を奪われることになった。

ＧＨＱの進駐当初、東久邇宮稔彦内閣は戦後の貯油枯渇状態を切り抜けるために石油二六〇万キロリットルの輸入を占領軍に懇願したのだが、無条件降伏直後の日本に対して、その要求が受け入れられることはなかった[*1]。日本国民の日常生活を如何に維持するかという問題は、米国側の関心事ではなかったのである[*2]。しかし米国側は、飢えに苦しんでいる日本国民に適度な生活水準を維持する道を与えない限り、占領目的の一つである日本の民主化達成は難しいと気づき始めた[*3]。そこでＧＨＱは、日本に可能な限りの石油製品、製油所、配給施設を米国側に提供させ、石油の需給供給一切を占領軍の支配下に置きながらも*4、日本国民の最低生活維持を図るために石油の枯渇状態を放置するわけにはいかないとし、一九四五年一〇月一三日、日本の石油産業に対して、わずかながら日本海側の製油所のみ国産原油の精製操業を許可した。しかし、原油輸入と太平洋岸製油所の操業を許可することはなかった*5。同時に、米国系石油会社五社（スタンダード・ヴァキューム、シェル、カルテックス、タイドウォーター、ユニオン）は、米国の占領政策に入り込み、占領軍の石油担当機関である参謀第四部（G４）の下に石油顧問団（PAG）を編成した。PAGは、米軍の燃料補給実施を補佐する傍ら、日本の石油産業に対する占領行政上で事実上の決定権を持ち、石油販売統制規則を施行して民間業者に石油自由販売の許可を与えないようにする等*6、日本政府に対する指示、折衝にあたった*7。やがて、国産原油で精製されたわずかな製品以外の石油は、占領地緊急援助費であるガリオア輸入製品となったが、それら国家統制による石油製品輸入・配給は、占領軍の管理下に置かれた貿易庁（後の通産省通産局）で行われた*8。そして、戦時中の日本の石油政策であった統制立法や配給統制機構の廃止や解体が、一九四五年一二月までに実施された。

GHQによる民主化改革政策の一つである財閥解体と歩調を合わせつつ、一九四七年には独占禁止法、過度経済力集中排除法が公布施行された。それに伴い、一九四八年五月、帝国石油、日本石油、昭和石油、丸善石油、三菱石油、日本鉱業、出光興産七社には過度経済力集中排除法が適用され、五月から六月にかけて昭和石油、出光興産、丸善石油、帝国燃料興業四社には独占禁止法が適用され、これらの会社に保有株式の処分命令が下った*9。一九四九年三月には、「外国人の財産取得に関する政令」が公布された。これにより、日本の石油会社は、会社を存続させるために保有株式を処分し、国際石油資本（石油の採掘・生産・輸送・精製・販売までを担う石油系巨大企業）と提携することを余儀なくされたのである*10。国際石油資本による日本の石油産業支配体制の始まりとなった。

（２）冷戦発生後の対日石油政策

やがて米ソ両国を中心とする東西冷戦が激化すると、米国は対日政策を転換し、日本を反共の砦とするために日本経済の復興・強化を決定した＊11。それは、国民生活の安定という消極的意味合いを持つ石油が、産業再建という積極的意味合いを持つ石油へと変化することになった。米国は、核と石油の世界的支配を追求する戦略の下で、米国経済の一翼に日本を組み入れることを対日政策の一つとし、米国系国際石油資本の権益擁護を図りながら日本の石油産業を根底から支配する体制を確立する施策をとった。日本のエネルギー基盤を石炭から石油に転換させ、日本の石油産業を国際石油資本の傘下に入れる支配体制を確立させていくことになる。

一九四八年一二月、米国は、吉田茂内閣に対して経済九原則を要求し、翌一九四九年二月、当時デトロイト銀行トップのジョセフ・ドッジ（Joseph M. Dodge）を派遣し、彼の指導の下、ドッジ・ラインと称された経済安定政策を図った。経済九原則に基づいてドッジが行おうとした主要な改革の一つは、日本のインフレの主原因であった日本銀行の復興金融公庫債の発行を停止させることであった＊12。その政策は、日本国内の復興金融公庫融資の約五〇％を占めていた石炭業に痛手を与えた＊13。さらに、一九四九年九月には石炭の統制を撤廃させ、同時に、占領軍は二次エネルギーの電力体制にまで切り込んだ。日本発送電と各地方配給会社に集中排除法を適用し、日本発送電の解体と九電力分割案を要求したのである＊14。日本発送電の一元化、配電における地域分割という日発体制は、電力料金の全国均一化を進める点で合理性があるため、米国が要求した九電力分割案は国会で否決された。しかし、米国は、この日発体制を戦争経済の名残として捉え、一九五〇年一一月にはポツダム政令という形で、日本政府に九電力分割を決行させた*15。この国会の否決を無視した政府の九電力分割の政令公布に野党は紛糾したが、占領下に置かれた日本が、ポツダム政令に逆らうことは無理なことであった*16。このように、日本のエネルギー需要構造の変化、つまり石炭から石油、水主火従から石油発電への切り替えを図った背景には、戦後、中東原油の過剰化をもたらし、その解決策として西欧や日本市場の確保を必要とした米国系国際石油資本の権益保全の存在があった*17。

日本の経済復興・強化目的の一環として行われた日本の石油産業復興政策と米国系国際石油資本が密接な関係にあったことは、「ノエル報告書」でも明らかである。この報告書は、一九四八年末、米陸軍省の要請で来日したニュージャージー・スタンダードの石油精製技術者ヘンリー・ノエル（Henry M. Noel）が、日本の石油精製業再建の際の指針を作成するために調査を開始し、その結果、「戦前の日本の輸入原油精製の商業的側面と技術水準を評価し、米国の石油業者との外資提携を前提として、経済上の観点から太平洋岸製油所の再開を勧める」と結論づけたものである。一九四九年三月二五日、ＧＨＱ経済科学局は、「ノエル報告書」を発表し、同年七月、太平洋岸製油所の操業と原油輸入許可の覚書を発表した*18。これによって、日本の石油会社は国際石油資本の傘下に入る条件の下で操業が可能となった。原油を輸入し国内で精製する、いわゆる「ノエル報告書」によって実施される「消費地精製主義」政策は、一九四八年四月以降欧州に対する米国のマーシャル・プランによって始められていた政策の日本版と言えるものであった*19。この日本版「消費地精製主義」政策は、米国系国際石油資本が中東原油を日本で精製したい意向を反映したものでもあった。なぜならば、前述したように第二次世界大戦中、英国に代わって中東原油の利権を掌握した米国系国際石油資本による中東石油支配の拡大、戦争終結による原油の過剰化、その解決策のための新しい原油売込み市場の開拓が一層必要となった状況のなかで、製品の代わりに原油を日本に持ちこんで精製工業を育成すれば、日本の石油産業を根底部分から支配することが可能となり、さらに原油取引の長期契約により安定した価格で大量の石油販売を行うことで精製部門からの利益も獲得できる、という国際石油資本の意図があったのである[*20]。

このように、米国の対日占領政策と米国系国際石油資本の権益確保との関係は密接な構造で成り立ち、日本の石油産業支配体制を確立していった。この支配体制下、日本の一次エネルギー資源における石油依存度は、経済成長に伴って高まり、一九七〇年には他の先進国と比較してもかなり高い数値を示すことになる。表1は、一九五〇年と一九七〇年のエネルギー消費量のなかの石油の割合を、日本、米国、西欧、ソ連との間で比較したものである。日本は、一九五〇年にはエ

表１　エネルギー消費量割合と全消費量

		石炭（%）	石油（%）	天然ガス（%）	その他（%）	全消費量（million kℓ）
1950年	日本	61.9	5.0	0.2	32.9	42.4
	米国	37.8	39.5	18.0	4.7	832.9
	西欧＊	77.4	14.3	0.3	8.0	426.3
	ソ連	75.6	19.7	2.5	2.3	205.6
1970年	日本	22.4	68.8	1.3	7.5	274.6
	米国	19.1	43.9	32.7	4.3	1644.9
	西欧	27.4	55.6	6.1	10.8	1167.6
	ソ連	40.4	33.3	22.5	3.8	780.2

＊西欧 とは、EC 加盟国と European Free Trade Association の加盟国を指す。例えば1972年 EFTA 加盟国は UK, Denmark, Norway, Austria, Sweden, Switzerland, Portugal, Finland,Iceland.
出典：Daedalus, p.20.　1950年と1970年は、Source from data shown Darmstadter and Schurr, “The World Energy Outlook to the Mid-1980's;The Effect of an Alternative Supply Path in the United States,” Philosophical Transactions,276 (Royal Society, London, 1974)（million kℓ に換算）。

ネルギー消費量のなかで石油を使う割合が一番少なかったが、一九七〇年には一番多い割合の数値となっている。

(3) 国際石油資本支配下の日本の石油政策

日本は、米国の石油産業の権益を受け入れながら、国内の石油産業を発展させるしか手段はなかった。日本の石油会社は、国際石油資本の傘下に入り国際石油資本による原油や製品の独占価格制度を受け入れる道を選択せざるを得なかったのである。というのも、会社を生き残らせる方が、製油所の全面撤去やスクラップ化になるよりはましだったからである*21。まさしく「外資提携は精製工場の再開を早めるための有力な残された道*22」だったと言える。

一九四九年七月の「独占禁止法」の改定は、国際石油資本による日本企業の株式取得を合法化させ*23、一九五〇年一月の「外国人の事業活動に関する政令」も彼らの活動を自由化させた。同年六月、「外資に関する法律」施行もまた、国際石油資本の利潤を本国に送金することを保証するものとなった*24。このような石油政策は、国際石油資本の支配体制に有利に働き、日本の石油会社は、生き残るために委託精製や委託販売そして資本提携へと進むことになる*25。一九五〇年には、日本石油の横浜・下松両製油所、昭和石油の川崎、大協石油の四日市、東亜燃料工業の清水等の各製油所が、次々と操業を開始した。日本政府の石油政策は、日本における石油支配の基礎を固め日本企業の分け取りを行った国際石油資本の意向が反映された米国の要求を追認するだけのものであった。占領下の日本には、石油供給を支配する国際石油資本の傘下に入り、日本経済を復興させる路線をとるしか選択の余地はなかったのである。一九五一年から民間企業による石油輸入が再開されたが、一九五二年四月二八日、サンフランシスコ講和条約が発効し日本が独立国になった以降も、占領期と同様、国際石油資本の支配体制は基本的に継続した。

当時、日本の外貨資金は極めて限られたものであったため、通産省は、国家の石油行政の裁量権を管轄し、輸入外貨の割当制度を適用した。この制度は、ドル不足の下で国際収支の均衡を図ると同時に、国内産業の保護を目的としたものであったが、石炭産業保護のために石油量を規制するということに重点が置かれていなかったため、石油製品の安売り競争、石油市場拡大を助長する結果となってしまった。すなわち、国際石油資本の消費地精製主義の助長政策として機能することになったのである*26。この過程で行われた原油の割当を重油より優先させる行政指導により、原油の輸入が盛んとなり、出光、ゼネラル等の重油販売業者が、原油精製業へと転換を遂げた。また、原油関税の税率を低く抑える等の国家介入による原油輸入保護政策によって、国際石油資本を通して国際価格を下回る廉価な原油が日本に大量に入ってきた。その結果、国際石油資本の日本市場支配は一段と進んだ。

吉田茂首相が選択した自国の安全を米国に託し、自国の兵力を最小限に留めた軽武装路線によって経済復興を遂行する、いわゆる吉田路線に沿って日本経済が成長していくなかで、この経済成長に必要な大量で廉価な石油は、国際石油資本を経由して安定的に日本に供給された。したがって、日本には石油の安定的な供給確保のために産油国である中東諸国との緊密な外交関係を構築する重要性は存在せず、そのための明確な政策もなかった。

（4）原油の輸入自由化体制

日本の石油政策に変化が見られるようになるのは、一九六〇年代になってからである。日本の経済力台頭に伴い、日本の為替・輸入統制政策への批判が国際的に高まり、一九六〇年に貿易自由化体制が始まることによるものだった。

日本が著しい経済成長を遂げることができたのは、米国市場の存在が大きかったことは言うまでもない。米国市場の恩恵を受けて急速に発展していた日本経済に対し、一九五〇年代終わり頃から米国を中心に日本の為替・輸入統制政策への批判が高まっていたことに伴い、日本では、西側諸国の一員として貿易自由化体制を早急に確立することが緊急課題となった*27。一九六〇年六月、日本政府は「貿易為替自由化大綱」を閣議決定し、国際競争力の高まった産業から順次輸入を自由化する貿易自由化体制へと移行することになった。六〇年安保闘争後の七月、岸信介首相に代わって組閣した池田勇人首相も貿易自由化に前向きであった*28。

他方、米国では、一九五〇年代末から国際収支の悪化が表面化し、ケネディ（John F. Kennedy）大統領は、一九六一年二月、国際収支特別教書を発表した。それによると、前年の国際収支は三八億ドルの赤字に達していた*29。そこで、ケネディ政権は、米国の国際収支改善を貿易の拡大均衡に求めた。そのため、米国市場は日本経済の成長にとって一段と欠かすことのできない重要な市場となっていった*30。そして、米国は、国際収支改善のために日本に貿易自由化を強く求めた。

池田首相は、一九六〇年一〇月二一日に行われた施政方針演説において、「世界において相対的に最も少ない国防費をもってよくその平和と安全を維持し、経済の目覚ましい発展を遂げ得た*31」と語った。池田首相は、吉田路線である軽武装を経済成長の土台として語り、所得倍増論に国民の目を向けさせた。この「所得倍増計画」は、外貨節約から外貨獲得へ、要するに、廉価な石油を使って輸出競争力を培養し、外貨獲得、対外進出によって経済力を高める計画でもあった*32。一九六二年には全国総合開発計画が作成され、所得倍増政策のために太平洋沿岸地帯に重化学工業を集積する開発計画が始まる、まさしく戦後日本経済の一つの転換期の年となった*33。同年一〇月に原油の輸入自由化が始まれば、外貨割当を通じて原油及び石油製品の輸入調整ができなくなることから、自由化に先立ち、同年七月、「石油業法」を制定し、石油精製業の許可・届出制等を定めた*34。この法律制定の背景には、新油田の発見と開発によって世界の原油供給が過剰傾向になり、大量消費国である日本への熾烈な原油の売込み競争が増している状況があった。この事態を放置して貿易自由化となれば、原油の販売競争がさらに激化し、石油産業の健全な発展が阻害される。そのために新しい秩序を確立して、石油の安定的且つ低廉な供給を確保することが必要であったのである。この法案が採決された衆議院本会議では、付帯決議としてさらなる自立的な目的が提出された*35。全会一致をもって採択された付帯決議の骨子は、「速やかに総合エネルギー政策を確立すること」「石油精製業に対して所要資金につき格段の措置を講ずると共に、その自主性を高めるよう始動すること」「国産原油、海外開発原油等の安定的供給を確保するため、買い取り等を行う機関として特殊法人を速やかに設立すること」等であった*36。このように貿易自由化が施行される前に、日本政府は、国内の石油業界を守って石油の安定供給を図る施策をとることになったのだが、そこには中東という文字は一切見当たらず*37、国家レベルでの中東関係構築の意味合いを持つものはなかった。

通産省は、石油の安定供給確保のためには石油業法制定だけでは不十分とし、国内石油市場の一定割合を国の影響下に置く半官半民の国策会社設立を検討したが、統制強化であると見做される理由だけでなく、外資系会社への影響が大きいという理由からも実現することはなかった*38。石油産業ほど外国資本との提携関係が深い産業はなかったのである*39。

2　国際石油資本軽減の試み

（1）石油開発公団設立

日本経済が強くなってくると、国家的プライドが高まり、米国とは一線を画した日本独自の政策を求める願望が顕在化してきた。その意識は石油政策にも見られ、国際石油資本依存体制からの脱却が図られた。日本政府は、それまで原油の開発・生産部門には携わらず原油の精製・物流・販売を中心に成長していた日本の石油産業の事業転換を目指したのである。しかし、まだ石油は低廉で豊富なものとして扱われ、中東諸国との外交関係構築の必要性に対する認識は薄かった。

一九六五年に総合エネルギー調査会が発足した。この調査会は、国家の財政措置の下に国家安全保障の観点に立った公団を設立し石油輸入量三〇%を自主開発原油にすることを提言した。そして、一九六七年に石油開発公団が設立された*[40]。しかし、この石油開発公団は、欧州諸国のように国家が関与した石油事業を率先して提言するものではなく、あくまでも民間会社による海外開発のための施策を提言するものであり*[41]、海外油田開発の資金融資や大型掘削機を民間会社に貸与した。以後、数多くの日本の石油開発会社が設立された。

一九六八年にアブダビ石油、日本海洋掘削、日本石油開発、日本オイルエンジニアリング、一九六九年に三井石油開発、一九七〇年に石油資源開発、ノーススロープ石油開発、合同石油、ジャパンローサルファーオイル、一九七二年に三菱石油開発が設立される等、一九七三年末には石油開発会社は四〇社以上にのぼった*[42]。国際石油資本の一元的な支配からの転換を図り、海外開発に乗り出そうとする気運が生まれたのである。しかし、その実情は、会社を設立しても鉱区を確保している会社は少なく、鉱区を持って商業生産を行っているのはアラビア石油と北スマトラ石油だけという状況であった*43。

このように一九六〇年代後半に始まった日本の石油会社による海外開発推進の試みは、必要とされる多大な資金に対して国家の資金投入額が低く、期待される成果は上がらなかった。世界の原油生産の約七〇％を取り仕切っている七大国際石油資本の力は、依然として日本の石油産業を支配していた*44。

表2は、日本、フランス、イタリアの国家資金投入額を比較したものである。日本の国家資金投入額はイタリアの資金投入額の一割にも満たないものであり、日本の資金投入額が増加した一九六九年においても、フランスの投入額の半分以下であったことがわかる。

表2　国家資金投入状況の比較（単位：億円）

年次	日　本（公団）	フランス（ERAP）	イタリア（ENI）
1965	—	161	264
1966	—	258	290
1967	40	265	409
1968	60	256	840
1969	95	210	1,300

出典：石油鉱業連盟資料、『資源問題の展望』172頁。

（2）資源ナショナリズム台頭と日本の対応

産油国が外国資本による資源支配に対抗し、資源保有国としての権利を具体的な形で主張し始める第一歩となったのは、一九六〇年九月の石油輸出国機構（ＯＰＥＣ）の結成であった。ＯＰＥＣは、国際石油資本に対抗し、公示価格や所得税の引き上げ及び事業参加によって産油国の収入を増やすことを目的とするものであった。さらに一九六二年一二月、国連総会で採択された「天然資源の恒久主権」に関する宣言は、資源保有国の自国資源に対する権利が国際的に強力な支持を得られたことを明示した。一九六八年一月には、アラブ産油国の利益擁護と団結を図る目的でアラブ石油輸出国機構（ＯＡＰＥＣ）が設立された。このような資源ナショナリズムの高まりと重なり合う形で、西ドイツ、フランス、イタリア、日本等の先進工業国では、国際石油資本を介さずに直接資源を開発しようとする気運が高まった。産油国の経済発展の志向と先進工業国の新たな参入によって、国際石油資本を通さない直接取引のルートが形成されていくことになった*[45]。

それに伴い、第二次世界大戦後から石油の生産をほぼ独占していた国際石油資本は、原油生産全体に占める比率を低下させた*[46]。しかしながら、国際石油資本が依然として強い影響力を有していることに変わりはなかった。産油国は国際石油資本に対抗してきたが、一九七〇年代に入るまでに産油国の実現した要求は利権料の経費化*[47]のみで、公示価格や所得税の引き上げ等の要求が実現することはなかった。

一九七〇年代に入ると、産油国は、資源保有国としての権利を一層強く自己主張し始めた。具体的には、産油国は外国資本による石油事業の経営に関与をし始め、その後、石油会社そのものの国有化を実現させるようになる。このような資源ナショナリズムの台頭によって、産油国が獲得した権利として重要であったのが、リビアの事例である。リビアでは、一九七〇年九月に前年の軍事クーデターで王制を打倒した革命評議会議長カダフィが、オキシデンタル社に対する所得税率を五四％から五八％に引き上げた。こうした産油国による資源保有国としての権利の主張は、一九七一年二月のテヘラン協定へと繋がり、国際石油資本がそれまで一方的に決定していた原油公示価格は、産油国との協議に基づいて決定されることになった*[48]。ＯＰＥＣ湾岸六カ国と石油会社間で五カ年協定が締結され、産油国の主張が公示価格に反映されるようになったのである。以上のような過程を経て、中東の原油公示価格は段階的に引き上げられていくことになる。

さらに、産油国は外国資本の石油会社を国有化する動きを見せていく。一九七一年三月にアルジェリアがフランス系石油会社の資産五一％を国有化したのに続き、リビアはブリティッシュ・ペトロリアム（BP）を国有化した。また一九七二年六月には、イラクが欧米資本のイラク石油会社を国有化したのであった。

産油国による国際石油資本への対抗は、一九七二年一二月のリヤド協定へと結実する。産油国は、このリヤド協定によって、ついに原油価格の決定権を国際石油資本からOPEC側へ移行させることに成功したのである。こうして原油価格の決定権を得たサウジアラビア、クウェート、カタール等の産油国は、自己主張をさらに強め、国際石油資本に対して事業参加比率五一％の早期達成、あるいはそれ以上の参加比率を要求する動きを強めていった。さらに一九七三年六月には、イランも販売協定締結によって、石油開発権・販売権を含めた完全国有化を成し遂げた＊49。

このように一九七〇年代に入り、産油国が国際石油資本を通さずに消費国と直接取引が可能な石油量を増加させたため、日本政府は、産油国との直接取引を民間企業に推進させる方針をとった＊50。それまで日本政府は、一九六七年に設立した石油開発公団を通じて、民間企業に海外油田の自主開発を推進させる目的で資金融資や大型掘削機の貸与を行っていたが、自主開発は多額の資金と時間を必要とするため大きな成果は上がっていなかった。そこで日本の石油政策を、国際石油資本との関係を維持しながらも、民間企業に産油国との二国間取引を推進させる方向に重点を移したのである。

民間企業による産油国との直接取引は、一九七一年末に初めて成果を収めた。それは、三菱商事が千代田化工建設とともにサウジアラビアの製油所を建設し、その費用に見合うアラビアン・ライト等の原油を引き取るという条件で、ペトロミン（石油鉱物資源公団）との間で成立させた契約である。それ以後、イラク国営会社との成約等、国際石油資本との良好な関係を維持しながらも産油国との直接取引によって買い付ける方法で、日本は石油の買い付けルート多様化への布石を着実に打っていった＊51。日本政府は、石油入手のために民間企業に二国間取引を推奨したのだが、まだこの時点でも、産油国との外交関係構築に大きな注意が向けられることはほとんどなかった。

（3）田中角栄の資源政策

一九七〇年代に入り、中東産油国が国際石油資本による石油支配に抵抗し、資源主権を求める動きを活発化させた同時期、ベトナム戦争での負担増大によって国際経済上の地位を悪化させた米国は、ソ連と中国の対立激化を利用し、対ソデタント・米中和解・ベトナム戦争から名誉ある撤退を図ろうと、二〇年にわたって東アジア政策の枠組みとなってきた封じ込め政策を転換した＊52。日本の対米不信が顕著になったのもこの頃である。一九六九年七月のグアムにおける記者会見で、米国の同盟国に自助努力を求めたニクソン（Richard M. Nixon）大統領の発言は、米国に対する不信感をもたらした＊53。さらに、日本に直前の報告しかなかった一九七一年七月一五日のニクソン大統領が翌年中国を訪問するという発表、一ヶ月後の八月一五日に発表された輸入品一律一〇％の課徴金を課し、ドルと金の交換を一時停止する等の新経済政策は、日本が米国に抱いた不信感を一層強めることとなった。

さらに、日米間の経済摩擦問題も、日本の対米不信を増大させた。一九七一年以降貿易収支が赤字に転落した米国とは対照的に、日本は対米収支を一九六五年に黒字に転換させ、それ以後も対米輸出を増大させ、一九六八年には当時の西ドイツを抜いて国民総生産（ＧＮＰ）において自由主義世界第二位となっていた。経済的に一つのパワーとして、日本は世界に台頭してきたのである。こうした急激な日本の台頭に対して、米国内では、日本の「市場の閉鎖性」に対する批判が高まり始めた。こうして日米間の貿易摩擦が徐々に深刻化する。特に日本の繊維製品の対米輸出に関しては、日本は米国から自主規制の要請を受け、一九六九年に始まった日米繊維交渉は一九七二年まで継続することになった。こうした対米不信が国内に高まるなか*54、従来と変わらず米国系国際石油資本によって日本が利用する石油の多くは供給されていたが*55、石油資源の米国への依存度を徐々に軽減しようとする動きが日本国内で次第に大きくなっていった。

一九七一年、佐藤栄作内閣の閣僚であった田中角栄通産相は、日本の資源問題解決のための総合対策として通商産業省（通産省）に対して、『資源問題の展望　一九七一』と題する白書の作成を指示した。この白書は、今後の世界のエネルギー事情を予測し、不安定なエネルギー供給への抜本的な対応策の必要性を訴えるものであった。この白書に依拠すれば、大量石油消費国である米国は、エネルギー資源の埋蔵量が膨大であるにも拘らず、石油の輸入依存率を今後一層上昇させると考えられた*56。米国が中東の石油輸入を増加させた場合、中東からの石油依存率の高い日本や欧州諸国との間で石油確保をめぐる競合が生じることは十分に考えられることであった。また、国際石油資本の大半が米国系であり、それらが自国の需要を優先させた場合、日本のように国際石油資本を自国に持たない石油消費国は、石油を安定的に供給確保することが困難になると懸念された。さらに、資源保有国の資源ナショナリズム、石油供給の不足、大資本による寡占的供給体制等の要因によって、一九七〇年代における日本を取り巻く資源事情は、量、価格、質の各面において不安定化する可能性が高まる。以上のような予測を踏まえ、石油の安定的な供給を確保するための適切な対策を講じることが、日本にとって重要な政策課題となったのである*57。田中通産相は、石油を必要な時に必要な量を正当な価格で入手できるような自主性のある資源入手方式をいかにして作り上げるかを、喫緊の課題として提示したのであった*58。

一九七二年七月、佐藤首相の後を引き継いで組閣した田中角栄首相は、石油資源入手における自主性の確立を重視した。この年には、民間のシンクタンクであるローマ・クラブが『成長の限界』と題する報告書を発表していた*59。この報告書は、世界中で大きな話題となり、多くの人々にエネルギー問題を考えさせる契機となった。その内容は、現状のまま人口増加や環境破壊が続けば、資源の枯渇や環境の悪化によって、一〇〇年以内に人類の成長は限界に達すると警鐘を鳴らすものであった。こうした懸念をより強いものとしたのが、産油国による資源主権獲得の動きや米国のエネルギー自給率の低下であった。このように国際的に石油問題が深刻化し始めた状況のなかで、田中首相は、それまでの国際石油資本に依存しすぎる体制を改善し、日本独自のルートによる海外資源の調達を追求し始めた。例えば、北海油田やソ連最大の油田として知られているチュメニ油田の開発に、積極的な参加を試みることになる。

こうした石油の安定的な供給確保に懸念を抱いていた田中首相が資源獲得に対して強い熱意を持っていたことは、次の発言からもわかる。「日本は強大な防衛力、軍隊を持たないから、国際的に防衛協調できるわけでもなく、ましてや軍事同盟等は作れるはずがない。しかし、防衛面で協力もせずに資源を必要なだけよこせといっても、そうそう通るわけがない。軍事と資源は表と裏の関係なのだから、国際的な軍事緊張が起これば、まず資源パイプをたたくのは世界の常識だ。それだけに、日本の資源外交は並大抵の苦心ではない。第一は石油補給ルートの多様化だ*60」。国際石油市場における産油国の発言力の増大、世界の石油事情の変化等を考慮すれば、日本は、輸入量の約六〇%を国際石油資本に依存する状況を改め、輸入先の分散、輸入ルートの多角化を促進しなければならなかったのである*61。

このような田中首相の方針に基づき、外務省では一九七二年秋に、省令で経済局内に資源エネルギー問題に関する国際資源室が設置された。この国際資源室では、田中内閣が推進する資源外交に対応するため、日本の石油需給問題やソ連・中国の石油開発の見通しが検討された。田中首相の構想した「多角的資源外交」は、フランスからの濃縮ウランの確保、英国の北海油田開発への参加、ソ連のチュメニ油田開発への参加等を、財界資源派と呼ばれる中山素平（経済同友会代表幹事、日本興行銀行相談役）、今里広記（海外石油開発社長）、松根宗一（経団連エネルギー対策委員長・アラスカ石油開発社長）や両角良彦（前通産事務次官）らの協力をもって進めようとするものであった。これらの人物は、田中首相にエネルギー資源の供給多角化への積極的推進を要求した。

（４）米国のエネルギー事情

①米国のエネルギー危機

石油、石炭及び天然ガス等のエネルギー資源に恵まれていた米国は、諸エネルギー産業について原則として政府による直接介入を行っていなかったものの、石油産業については例外措置をとっていた。戦後低コストの海外原油、特に中東原油の輸入増加が懸念され、国内石油産業の保護のために一九五九年輸入制限措置が実施された。国内需要量に対する一定の比率を限度とする輸入割り当て制度が行われることになったのである*62。その結果、米国石油市場は国際市場価格より高くなり、その上、米国政府が石油産業に対する税制上の優遇措置をとっていたため、消費者側の不満は募っていた*63。そこで一九六九年三月、ニクソン大統領は、石油輸入政策に関し総合的な再検討を行った。しかし、閣僚級レベルの会議において輸入割り当て制度に対する意見も分かれ、当分の間は現行の政策を維持する決定がなされた*64。

またこの時期、産油国で高まる資源ナショナリズムの潮流に直面した米国は、中東地域の石油権益を保持するために、米国系国際石油資本と穏健派産油国との協力体制を構築しようとした。具体的には、国際石油資本の資本・経営・技術力をもって産油国の国営石油会社を育成し、そのパートナーとして原油採掘段階での共同事業を行うというものであった。米国は、協力的な産油国に経済・軍事援助を行い、その国家の経済発展と政治的安定に寄与する方針を示した*65。こうして、穏健派産油国としてサウジアラビアの重要性が高まることとなり、米国にとってサウジアラビアは、イスラエルと同様に重要な国家として位置づけられることになった。

米国がサウジアラビアとの協力体制を確固としたものにするためには、サウジアラビア政府を支援するだけではなく、同時に石油消費国を統合する多国間枠組みを形成し、国際石油市場を安定させることが必要であった*66。急増する石油需要を満たすために石油消費国間で石油入手競争が熾烈なものとなれば、消費国が国際石油資本よりも高い価格で産油国から直接石油を購入するようになる恐れがある。そうなれば、米国とサウジアラビアとの協力体制が不安定化しかねないとの懸念が、米国にはあったのである。したがって、米国は、同盟国である欧州諸国や日本が単独で産油国に接近し、二国間協定を締結したり、国際石油資本を上回る好条件を産油国に提示したりする行為に極めて敏感になった。このように、米国は、中東地域における米国の石油権益を守るために、石油消費国による多国間協調枠組みによって国際石油市場の安定を図る石油政策を推進することにした。

一方米国内で、一九七二年末、エネルギー危機が発生した。暖房用燃料、ガソリン、重油の不足から、一部地域では学校や工場が閉鎖され、長距離トラックや船舶が運休する等の深刻な事態が生じた*67。米国では、国内の厳しい環境保護規制や反対運動により国内の新油田開発や製油所の建設が進んでいなかった。さらに、一九七三年には一日あたり二〇〇万バレルの原油生産をもたらすと予測されていたアラスカのパイプライン建設も遅れ、その上、連邦動力委員会が天然ガスの価格管理を行ったため天然ガス開発も停滞し、石炭も環境規制やコスト増から産出の伸び率が低下していた。こうして、自国のエネルギー供給源のみでは消費量を賄いきれなくなった米国は、石油の輸入依存率を高めていった。消費量に対する石油輸入比率は、一九五六年一一%、一九六七年一九%、一九七二年二八%、一九七三年三五%と着実に上昇した＊68。中東からの石油依存度も一九七二年には石油消費量の四・四%だったものが、一九七三年には一〇%へと急増したのである＊69。

自国の消費エネルギーの増大に対応することが困難になったため、一九七二年二月一六日にデント(Frederick B. Dent)商務長官は全米約四万五千の大手企業経営者に対して、石油、ガス、電力の使用を節約するよう異例の呼びかけを行った＊70。そして、このエネルギー危機打開のために、四月一八日、ニクソン大統領は「エネルギー教書」を発表した。この教書は、エネルギー供給確保のための輸入制限の廃止、エネルギー生産を阻害する過度の規制、並びに行政措置の緩和政策を掲げるものであった。

この「エネルギー教書」発表後、それまで資源の生産、流通に対する発言力の小さかった日本や欧州の石油消費国は、石油確保のために中東や北海等で積極的な石油開発への取組み、石油供給源の分散化や資源保有国との関係強化を推進する動きを加速させた。その動きに対して、米国は、この資源供給問題を単独で解決することはできないと判断した。さらに、キッシンジャー(Henry A. Kissinger)大統領特別補佐官(後に国務長官)は、産油国が石油の供給量削減を予告する回数を増やす等、中東の石油を取り巻く情勢が不安定になってきた状況に鑑み、一九七三年一月一六日に、他の石油消費国との協力が必須である旨を英国官房長官であるトレンド卿(Sir Burke Trend)に伝えた＊71。そして、ニクソンの「エネルギー教書」発表後の米国の政策に対抗する欧州諸国や日本の行動に対して、米国は同盟国である先進石油消費国間の協力体制の構築を喫緊の課題として認識するようになった。

②欧州の反応・日本の反応

ニクソン大統領が発表した「エネルギー教書」に対する欧州と日本の反応は多少異なっていた。欧州諸国は、「エネルギー教書」のなかにエネルギー供給確保のための輸入制限廃止、エネルギー生産を阻害する過度の規制、並びに行政措置の緩和政策が掲げられていたことに懸念を覚えた。なぜなら、このエネルギー危機は米国が誇張したものであり、米国の優位を保ったための政策ではないかと懐疑的になったためである＊72。石油政策の規制が緩和されることによって、米国内の資源保護政策上一九五九年から実施されていた石油輸入制限が撤廃され＊73、米国系国際石油資本が世界の石油流通市場に新たに参入してくることが予測された。そうなれば、日米欧の間で熾烈な石油獲得競争が生じることは必至であった＊74。欧州の一般的な反応は、米国はエネルギー危機を口実に中東の石油買い占めを図り、米国内のエネルギー開発を十分に促進しうる水準まで中東の原油価格が上昇することを前提としている、というものであった。要するに、米国のこれまでのエネルギーの浪費や将来予測に関する誤算を隠蔽し、「米国の危機」を誇張して全世界に知らせ、値上がりをも容認して中東原油の輸入を増やす。米国が石油価格の上昇を容認する理由は、石油価格が高騰すれば開発費がかかる米国本土のシェール・オイルやカナダのオイルサンドも値段的に引き合うようになり実用化が可能となる。そうすれば、中東の石油を使い尽しても米国の優位は動かない。このような米国の覇権国としての地位を保全する政策の一環として、エネルギー危機及び「エネルギー教書」を捉えたのである＊75。

そもそも欧州諸国は、米国が石油輸入国になって以来、中東石油への依存率を高めていたため、米国の欧州を防衛する能力の低下を懸念していた。だが同時に、欧州は米国の経済的支配にも懸念を抱いていた。欧州諸国は、「米国の同盟国を守る力の低下」に対する不安と、「米国の経済的優位」に対する不安の双方を同時に抱いていたのである。経済的には米国に対抗する姿勢をとりながらも、軍事的なコミットメントに関しては米国の関与を要求する欧州の態度に、ニクソン大統領は、欧州はすでに米国のコントロール下にはなく、欧州の行動は、近い将来、米国の利益に損害を与えるものになると懸念していた*76。「エネルギー教書」発表以後の欧州諸国の反応は、その懸念をますます増長させるものとなったのである。

一方、日本は、欧州のように米国に対して批判的な姿勢を見せることはなかったが、田中首相は、日本独自の資源供給ルートを模索した。

（5）米国のエネルギー危機発生後の日本の石油政策

米国のエネルギー危機の発生は、米国の石油輸入依存度の高まりと相俟って、米国の同盟国を防衛する能力の衰退を表すものであった。一九五六年のスエズ紛争（第二次中東戦争）や一九六七年の第三次中東戦争の際に生じた欧州の石油危機では、米国が中東の石油代替供給者となって欧州の深刻な石油不足を補うことができた。しかし、エネルギー需要に供給が追いつかなくなった状況で、中東の産油国が石油供給を制限した場合、米国の同盟国を支援する能力が不十分であることは明らかであった。実際一九七二年に、アラブ要人らは、「石油収入の長期安定を図る目的で生産制限に踏み切る」といった趣旨の発言を一五回にもわたって行っていた*77。

しかし、それまで石油危機を経験したことのなかった日本は、欧州諸国とは異なり、この時点での危機意識は薄かった。だが、外務省では、米国の「エネルギー危機」の実態や米国のエネルギー政策の方向性を調査し、その対外的影響や日本の対応策に関する研究を開始した。一九七三年四月八日から約四週間にわたり、近藤晋一前駐カナダ大使を団長として、国際エネルギー問題調査団が米国及びカナダに派遣された*78。この調査団に参加した経済局国際資源室事務官の杉山洋二は、わずか一年の間に国際エネルギー・石油問題の諸局面が急激に変化していることをこの訪問を通じて痛感した。そして資源・エネルギー問題が日本の将来を決定づけるとの認識を深めた。杉山は、この時わずかなフリー・ハンドしか持たない日本がいかにして有利な立場を確保すべきかを検討する必要性を指摘した*79。その具体的内容は、第一に、民間企業に石油開発や石油直接取引を任せるだけでなく、日本政府も関与すべきであること、第二に、他の消費国との協調の必要性であった*80。さらに、他の消費国を全く考慮せずに近視眼的な政策を施行すれば、自国に打撃となって撥ね返ってくる可能性がある複雑な要素を石油問題が持ち合わせていることを指摘したのである*81。その結果、エネルギー問題調査団は、以後必要とされる石油政策について総合的な見地から検討した報告書を作成した*82。

その報告書は、石油問題が複雑な要素を持ち合わせていること、石油を取り巻く国際情勢の急速な変化は石油問題が単に経済的側面だけではなく、南北問題、東西問題、中東問題、日・米・欧州共同体（EC）間の関係等、国際政治的な問題を強く有している性格のものであることを指摘し、その対応策の指針を示していた。

その対応策の指針の内容は、多少冗長となるが次のとおりである*83。

①今後一〇年、一五年あるいはそれ以上長期にわたり予測される世界的エネルギー供給不足に対応するため総合エネルギー政策を策定し、これに基づいたエネルギー供給の安定確保の戦略をたてる。

②新たな事態に即応した石油業界法等法制上の整備、日本の石油業界の一貫した体制強化及び石油の探鉱開発のための企業体制を強化する。

③海外石油利権の獲得及び石油の購入につき、国内企業間の過当競争を防止し、且つ、他の消費国の

不信を招かないようにするため、関係企業の海外活動に関する何らかのガイドラインを作成する。
④石油備蓄を九〇日に引き上げること、自国船積み比率を引き上げること、また、目下交渉中の緊急時石油割当スキームの形成に積極的な態度をとる。
⑤いかなる国でもエネルギー問題を単独では解決することは不可能である。国内エネルギー資源をほとんど持たない国として、そのエネルギー政策は国際協調の上に立案される必要がある。日本としては多角的な協力を推進する必要がある。例えば、（a）産油国との協力、（b）消費国間の協力、（c）石油供給の調整能力を失いつつあるとはいえ、依然世界石油市場において大きな実力をもつ国際石油会社との協力等。
⑥米国は今後外交政策、安全保障政策及び経済政策を包括した総合的政策の一環として、エネルギー問題に関する国際協力を推進していくであろう。その対応策を十分に検討しておく必要があるが、同時に経済協力開発機構（ＯＥＣＤ）の場や、日米、日・ＥＣ間の協議を通して、日本の立場につき十分な理解を求める努力をする。
　米国の人々は、日本も米国も石油輸入国であるから“in the same boat”と主張するが、米国は防止のライフジャケット（豊富な国内資源）を身につけており、日本は何も持たない。同じ消費国といっても、立場が全く違う認識の上に立って、国際協力の仕組みが考案されるべきである。
⑦中東地域に対する集中的依存から脱却するために石油供給源の多角化が必要であるが、その努力にも拘らず実質的には望めない。したがって、今後とも中東産油国との友好関係の維持発展に努める必要がある。
　このため日本は中東産油国の社会、経済開発に寄与する経済技術協力に取り組まなければならな

い。産油国の増産意欲を失わせないためにも、日本単独で産油国の経済開発に協力することも大事であるが、他の消費国との多角的プロジェクト通して促進することも必要である。
⑧石油は政治的に高度な緊張関係をもつ国際商品である。石油問題は経済問題だけに留まらず、政治・外交問題であるとの認識に立って、日本の石油外交の積極的展開のために、在外公館も含め外務省の体制を再検討し、その改善化の措置をとる必要がある。
以上の報告書とともに、外務省資源エネルギー・チームは、ニクソン大統領の「エネルギー教書」発表後に表面化してきた日米間の競合関係についても報告し、その摩擦解消に向けた検討も行った＊84。資源エネルギー・チームは摩擦の解決策として、エネルギー資源に関する協力分野を拡大する等、日米間で共通の政策を実施することを提案した。例えば、エネルギー資源の日米共同開発のための政府レベルでの意見交換体制を構築することや、原子力発電によるエネルギー確保のための原子力分野における協力拡大等である。このように、外務省内では、総合的見地から石油問題を検討した。

但し、日本政府には危機感が薄かった。第一次石油危機が勃発するまでに、以上の提案が具体的な政策へと発展することはなかった。

通産省では、ニクソン大統領の「エネルギー教書」を受け、一九七三年四月、田中角栄内閣の一員である中曽根康弘通産相が、日本初のエネルギー白書作成の意向を明らかにし、資源問題について従来の政策見直しを求め、中東産油国との関係強化を強く唱えた。そして四月二八日から現役閣僚として初めて中東地域（テヘラン、クウェート、リヤド、アブダビ）を訪問し、相互補完的な経済関係の樹立を目指した。その結果、イランとの貿易協定二年間延長やサウジアラビアとの経済技術協定締結の合意を成立させた。中東地域との関係が歴史的に深かった英国やフランスは、政府高官がたびたび中東を訪れていたし、英国外務省の幹部や幹部候補生の多くは、アラブ諸国、とりわけ湾岸諸国においてキャリア初期の訓練を受け、アラブ人脈をもつ幹部が多かった*85。しかし、日本の現役閣僚が中東地域を訪問したのは、この一九七三年四月の中曽根までなかったのである。

その当時、日本は一次エネルギー供給の七七・四%を石油が占め、その九九%以上が輸入石油、その輸入石油に対する中東依存度は七七・五%という状況であった*86。そして、石油輸入量の約六〇%は国際石油資本を通して購入していた*87。国際石油市場における産油国の発言力増大、国際石油情勢の動向を考えれば、国際石油資本依存をもっと軽減する必要があり、輸入先の分散、輸入ルートの多様化を促進しなければならなかった。特にイランやサウジアラビア等、日本が大量の原油を輸入している国との直接取引の推進は、一層必要とされた。

中曽根通産相は、石油の安定的な供給確保は「民族の存亡に関わる問題である」と考え、中東外交の必要性を説いた*88。こうして、中曽根は、中東外交を積極的に推進する先鋒となった。

財界資源派の間では、石油問題をめぐる危機感が高まり、財界資源派を代表して、一九七三年四月二八日、経団連会館に、松根宗一、岩佐凱実（経団連副会長、富士銀行会長）、出光計助（出光興産会長）、村上武雄（東京瓦斯専務）、田部三郎（新日本製鉄所常務）、林一夫（石油鉱業連盟会長、帝国石油会長）、土光敏夫（経団連副会長、東京芝浦電気会長）、島田喜仁（石油開発公団総裁）、井上五郎（原子力委員会委員長代理、中部電力相談役）の九名が集まって、総合エネルギー対策の必要性を協議した*89。その後、石油問題に関する危機意識は中東情勢の不安定化により一段と高まり、夏頃には財界調査団を派遣し、国際石油資本の情勢判断を探ることが検討されることになる*90。

財界資源派は、石油の供給ルートの多角化を目指し、国際石油資本から自立を図る手段を検討した。彼らによれば、石油は単なる経済商品ではなく、政治・軍事が絡む商品であるため、石油の安定的な供給確保は国家プロジェクトとするべきであった。なぜならば、現状の民間先行・政府後追い承認の形では、国際石油資本を有する先進国や産油国に切り込むことはできないからであった。そこで、一九七三年九月末に予定されている田中首相の欧州・ソ連訪問の際の首脳会談に期待し、西シベリアにあるソ連最大のチュメニ油田、英国の北海油田、さらにはウラン鉱進出に向けた先手策を練った*91。そして、財界はその資源政策を田中に働きかけることにした。

日本独自の石油入手ルートの多角化を求める田中首相の石油政策は、中東諸国の資源主権獲得の動きの活発化に加えて、ローマ・クラブによる石油資源の限界に対する警鐘も影響していた。しかし、こうした要因に加えて、注目すべきなのが経済成長によって国家的プライドを強めた日本が、米国の政策に同調するだけではなく自立的な外交を目指すという欲求も強く作用していた点である*92。田中は、「(米国に) 怯えていたら、資源外交はできない。それぞれの国家は、おのれの利害のために動いている*93」と語っていたように、米国に依存しない日本独自の多角的ルートを強気の態度で模索したのである。財界資源派とともに北海油田の開発やソ連のチュメニ油田への参画に向け積極的な行動をとり始めた田中の資源外交を分析した駐日米国大使館は、石油を求めて単独行動をとろうとする日本の姿勢を石油消費国全体に損害を与えるものとして位置づけ、その対応策を検討することを米国政府に進言した*94。これを受けて米国政府は、田中による日本独自の資源供給ルートを求める政策に、何らかの対策を講じなければならないと協議を行った*95。

3　アラブ諸国の石油戦略

（1）アラブ諸国石油戦略発動の兆候と米国の対応

米国とサウジアラビアとの関係悪化の原因は、第一次石油危機が起きる七年前、一九六七年の第三次中東戦争に端を発していた。米国をはじめとする西側諸国は、イスラエルに対して第三次中東戦争で占領した土地（シナイ半島とゴラン高原）からの撤退を勧告した一九六七年の国連安保理決議二四二号を支持していた。しかし、西側諸国は、安保理決議の勧告を無視し占領を継続するイスラエルの行動を黙認し続けていた。そのため、アラブ諸国は、西側諸国に対して不満を募らせていたのである。特に、イスラエル支援を主導する米国に対するアラブ諸国の不満は大きかった。こうした状況のなか、一九七三年四月、親米派と目されていたサウジアラビアのファイサル国王やヤマニ石油相でさえも、「中東情勢が改善されない限り、原油供給は保証できない」と、中東からの石油供給削減の可能性を予告し、米国のイスラエル政策に挑戦し始めた。徐々にアラブ諸国による石油戦略発動の可能性が高まりつつあったのである。一九六七年に勃発した第三次中東戦争が「六日戦争」と呼ばれたように、イスラエル軍が圧倒的な強さを見せつけて以来、イスラエルの優位は不動のものとされてきた。そのため、アラブ側の先制攻撃による戦争勃発はほとんど想定されていなかった。しかし、状況は変化していた。アラブ諸国は、着実に軍事力を補強していたのである。ニクソン大統領が発表した「エネルギー教書」の立案者の一人であるエイキンズ（James E. Akins）国務省燃料・鉱物局長は、『フォーリン・アフェアーズ（*Foreign Affairs*）』に掲載された論文「石油危機—今度は狼がやってくる（the Oil Crisis: this time the wolf is here）」で、石油を武器として利用する第四次中東戦争勃発を予言し、国際社会に警告を促した＊96。

ファイサル国王によるイスラエルと石油供給削減を関連づけた発言は、その後も続き、次第に強い表現へと変化していった。一九七三年九月二日、ファイサル国王は、米国のNBCテレビによるインタビューで、「米国がシオニズムを全面的に支援し、アラブ世界と対立していることで、サウジアラビアは米国への石油供給を続けることが極めて難しくなっている*97」と語った。このファイサルの発言にニクソン大統領は反論し、「イスラエルに対する米国の外交政策を、アラブの原油に結び付けるのは妥当ではない*98」と語った。それに対し再びファイサルは、「イスラエルに軍事的テコ入れをしている米国が、六カ月以内にその中東政策を変更しない限り、産油量を一日あたり一〇〇万バレル削減する*99」とサウジアラビアの政策転換を発表したのであった。当時、サウジアラビアの原油生産量は一日あたり八五〇万バレルであり、サウジアラビア国内の油田の大部分の操業権を持つ米国系石油会社アラビア・アメリカ石油（アラムコ）は、さらなる増産を進めるために莫大な増資を行っていた。ファイサルは、米国が石油の増産を必要としていることを認識していたにも拘らず、削減を予告する強硬な発言することによって、米国に対抗姿勢を示したのである。

このように、サウジアラビアが石油供給の削減をアラブ・イスラエル問題の解決と結び付けるようになったことで、米国は、中東の石油確保と対イスラエル政策をどうように両立させるかという問題に直面することになった。サウジアラビア、クウェート、リビア等の国は、工業化が進められてはいたが、人口に比べて石油収入が極めて大きくなってきたため、これ以上急増する石油収入を余剰外貨にするよりも、資源のまま石油を温存して長期にわたって活用することを望み、前述したようにアラブ要人達の「石油収入の長期安定を図る目的で生産制限に踏み切る」といった趣旨の発言は、一九七二年には一五回に及んでいた。そして、五一％の資本参加協定を勝ち得たサウジアラビアは、強硬に石油政策をアラブ・イスラエル問題の解決と結び付けるようになっていたのである＊100。

そこで、キッシンジャー国務長官は、従来からのイスラエル側だけに偏る政策を続けるわけにはいかないと判断し、国務省燃料・鉱物局長のエイキンズをサウジアラビア大使に任命して、財務次官のウィリアム・サイモン（William E. Simon）と共にサウジアラビアに送り込み、経済協力強化や関係改善に努め始めた。穏健派のサウジアラビアが急進派と結び付くことは米国にとっては、好ましい状況ではなかった。かといって、サウジアラビアの望むことに対処できるだけの力は、ウォーターゲート事件で揺らぎ始めていたニクソン政権には持ち合わせていなかった＊101。こうした状況のなかで、キッシンジャー国務長官は、国家安全保障会議を開き、イスラエル黙認政策を転換し、アラブ諸国とイスラエルとの仲介をとる新中東政策を決定した＊102。それまで、一九六七年の国連安保理決議二四二号を履行せずシナイ半島やゴラン高原を占領し続けるイスラエルの政策を黙認してきた米国は、一歩アラブ寄りの立場をとって中東和平交渉に乗り出すことになった。したがって、中東和平交渉は米国にとって、イスラエルとの関係維持と石油権益の保持を両立させるための政策だったのである。

しかし、アラブ側の対抗姿勢は収まるところを知らなかった。イスラエルとの問題を示唆する一方で、九月一五、一六日に開催されたＯＰＥＣ諸国の石油相会議で、サウジアラビアを含むペルシャ湾岸諸国は、世界の石油会社に対して原油価格の引き上げを要求した。もし各石油会社が価格引き上げに反対した場合には、集団行動で産油量の凍結や削減を行って対抗することも決定した＊103。

（２）第四次中東戦争勃発と米国の対応

一九七三年一〇月六日、ユダヤ教の祭日ヨム・キプール（Yom Kippur）の日に、エジプト軍がスエズ運河を渡ってシナイ半島へ、シリア軍がゴラン高原へ侵攻することで第四次中東戦争が勃発した。当日、ファイサル国王はニクソン大統領に、占領地域から撤退するようイスラエルに圧力をかけることを親書で依頼した*104。しかし、ニクソンは、イスラエルに戦争勃発から三日間で失った兵器を供与することを決定した*105。こうした米国の行動に対して、ファイサルは、一〇月一二日に再度親書を送り、「もし米国がアラブ側に対する敵意を持ち続けるならば、サウジアラビアはこの事態を傍観することはできない」と警告した*106。しかし、ニクソンはファイサルの再度の要請も聞き入れることはなかった。翌一三日には、ニクソンは空輸開始を命令し、イスラエルへの兵器供与を開始した*107。米国が中東和平の仲介に乗り出すには、イスラエルの軍事力を回復させてアラブとイスラエルの戦力均衡を実現することが必要だったのである*108。

さらに、サウジアラビアを不快にさせる事件が起こった。一〇月一五日にワシントンで行われたサウジアラビア外相の記者会見において、ある記者が「米国はサウジの石油は不要である。自分で飲み干してしまえばいいではないか*109」と暴言を吐いた。これは、米国民の間で持ち上がっていたアラブ諸国とソ連との関係を疎んじる雰囲気の反映だったと推測されたが、サウジアラビア外相は、「よろしい、それでは飲み干しましょう*110」と応えた。それに加え、一六日に予定されていたサウジアラビア外相とニクソン大統領との会談が米国の都合で一日延期された。これら一連の出来事の後に、ファイサル国王はヤマニ石油相に対して、九月半ばにアラブ諸国が決定していた作戦―アラブ諸国が集団的に産油量の凍結や削減を行い、世界の石油会社に対抗すること―を実行するように命じた*111。

こうして翌一六日、OPEC加盟のペルシャ湾岸諸国は原油公示価格を引き上げ、続く一七日、OAPECは石油生産削減を発表することになる。しかし、アラブ側の圧力によって、米国の政策が変更することはなかった。

（3）日本の対応

米国とサウジアラビアの関係が悪化している状況にあっても、日本国内を概観してみれば、中東の政治問題と石油政策を関連づけて検討することへの関心は薄かった。新聞に記載される石油問題は、石油価格が一バレル当たり三ドル台になりつつあるといった程度であった。一九七三年七月に通産省の鉱山石炭局と公益事業局が統合して設置された資源エネルギー庁の山形栄治初代長官の初仕事は、電力料金改定認可の問題に結論を出すことであり*112、緊迫する中東情勢が日本のエネルギー資源にどのように影響するかという問題を取り扱うことはなかった。

そのような状況下、資源エネルギー庁豊永惠哉国際資源課長は、一九七三年七月末に行われたＯＥＣＤの第一回「石油危機が起こった時の緊急スキーム」の作業部会にオブザーバーとして出席した。「主要国の危機感の強さに本当にびっくりした*113」と感じた豊永は、「ＯＥＣＤの緊急スキームに日本も参加して石油危機に対する準備が必要である」と報告書に書いた。豊永の報告書は、通産省の基本姿勢として採用された*114。しかし、一〇月初旬に出来上がる予定であったＯＥＣＤ緊急スキーム原案は完成することなく、第四次中東戦争が始まってしまい、通産省の方針で豊永が参加することになっていた作業部会は、延期を余儀なくされた*115。

外務省国際資源室でも、中東問題に絡めた石油政策は含まれていなかった。一九七三年七月、中東地域駐在大使による在外公館会議では、当分の間は圧倒的なイスラエルの軍事力を前に中東戦争が起こる可能性は少ないとの結論に達していた*116。しかし、同年一〇月外務省国際資源室が資源課に組み替えられた矢先、戦争が勃発した。そこで、中近東アフリカ局中近東課と経済局資源課を事務局とする国際資源委員会が発足し、資源確保や対アラブ外交が検討されることになった。

財界では、一九七三年九月一六日、中山素平、松根宗一、今里広記、土光敏夫に、島田喜仁前石油開発公団総裁と両角良彦前通産事務次官を加えて構成された調査団が、二組に分かれて羽田からロンドンへ旅立ち、BP、シェル、フランス石油の各社を訪れ、情勢を視察した*117。彼らの集めた最新情報は、田中首相に小長啓一秘書官を通して報告された*118。そして、田中の欧州最初の訪問国であるフランスにおいて、土光、松根、両角は田中と会談し、首脳会談前にエネルギー資源獲得方針について協議したのであった*119。しかし、中東情勢に鑑みた具体的な政策を考える時間はなかった。

田中首相一行が資源供給のルート拡大を求め、フランス、イギリス、西ドイツの訪問を行い、その足でソ連に向かう一九七三年一〇月六日、第四次中東戦争が勃発した。だが、その時の日本国内の関心事は、モスクワ訪問で田中首相がどのような日ソ交渉をするかということであった。また欧州とは異なり、今までの中東戦争が日本社会に大きな影響を与えなかったことから、日本政府は事態を深刻に考えていなかった。モスクワに滞在中の田中首相と大平正芳外相は、この中東戦争に関する公式見解を述べることはなく、一〇月八日、山下元利官房副長官が「この戦争に対する早い収拾を望む*120」内容の声明を発表した。同日、石油連盟（会長・密田博孝大協石油社長）の定例理事会では、「これ以上戦闘が拡大しない限り、日本の備蓄は七九日分あるので緊急対策をとる必要はない*121」と判断し、事態を見守ることにした。但し、一〇月八日からウィーンで始まったOPECと国際石油資本との交渉でOPEC側が有利に立つことは予想されており、原油輸入価格の高騰に拍車がかかることが懸念された。

この時点で、今まで豊富で低廉な石油によって経済成長に邁進してきた日本が、戦後初めて直面する経済危機になるとは、ほとんど誰も予想することはできなかった。当時外務事務次官であった法眼晋作は、「国際石油資本の持つ力と機能についてさえ、我々は認識が不十分であった。石油を扱っている人だってああいうことになろうとは予想していなかったのだ*[122]」と述べ、当時通産事務次官であった山下英明も、「戦争が始まることはわからなかったし、まして、いきなり非友好国に石油を禁輸する等ということは予測もしていませんでした*[123]」と後述している。

註

1 東燃十五年史編纂委員会編『東燃十五年史』(東亜燃料工業株式会社、一九五六年)六二四頁。「塩・米・石油の輸入　連合軍総司令部へ懇請」『朝日新聞』(一九四五年一〇月四日)。

2 John C. Perry, *Beneath the Eagle's Wings Americans in Occupied Japan*, (New York: Dodd, Mead & Company, 1980) p.104.

3 *Ibid.*

4『朝日新聞』(一九四五年一〇月四日)。

5『日本石油百年史』(日本石油・日本石油精製株式会社史編纂室、一九八八年)四五八頁。日本石油の横浜製油所の第一工場のみ接収を免れた。

6『朝日新聞』(一九四五年一二月一六日)。

7 中村静治「戦後日本のエネルギー政策」岩尾裕純編『日本のエネルギー問題』(時事通信社、一九七四年)三〇頁。

8『東燃十五年史』六二二~六二三頁。

9『東燃十五年史』六二三~六二四頁。興亜石油、大協石油、東亜燃料の三社のみが、これらの法律の適用を免れた。

10 代表的な国際石油資本は、セブンシスターズとも呼ばれる。これは、エクソン、ガルフ、スタンダード・オイル

・オブ・カリフォルニア、テキサコ、モービルの米国系五社と、英国・オランダ系のロイヤル・ダッチ・シェル、英国系のブリティッシュ・ペトロリアム（ＢＰ）の七社を指すが、これにフランス石油（ＣＦＰ）を加え代表的八社と呼ばれることもある。

11 米国の対日占領政策については、樋渡由美『戦後政治と日米関係』（東京大学出版会、一九九〇年）、五百旗頭真『日本の近代六　戦争・占領・講和：一九四一―一九五五』（中央公論社、二〇〇一）参照。具体的なエネルギー政策の内容については、中村「戦後日本のエネルギー政策」、東燃十五年史編纂委員会編『東燃十五年史』、『日本石油百年史』参照。

12 ドッジ・ラインについては、樋渡『戦後政治と日米関係』第一章第一節参照。ドッジ・ラインに基づいて行われたエネルギー政策基調の変化（石炭から石油へ）については、中村「戦後日本のエネルギー政策」参照。

13 一九四七年末四八・一％。中村「戦後日本のエネルギー政策」一三頁参照。

14 日本経営史研究所編『経済団体連合会三十年史』（経済団体連合会、一九七八年）三八頁、中村「戦後日本のエネルギー政策」二八頁。

15 『朝日新聞』（一九五〇年一一月二四日）。

16 「社説　国会審議権の尊重」『朝日新聞』（一九五〇年一一月二八日）。

17 中村「戦後日本のエネルギー政策」二八頁。

18 『日本石油百年史』五一五～五一七頁。

19 米国務長官マーシャル（George C. Marshall）が発表した西欧諸国復興支援計画の日本版として、一〇億ドルにのぼる石油製品の放出、二〇件三八〇〇万ドルの石油プラント建設計画、石油精製業への見返り資金の投入という形で実施されていた政策。中村「戦後日本のエネルギー政策」三三～三五頁参照。ヨーロッパ復興計画と消費地精製方式については、『日本石油百年史』四八〇～四八五頁参照。

20 中村「戦後日本のエネルギー政策」三二頁。

21 中村「戦後日本のエネルギー政策」三五〜三六頁。
22 通商産業省鉱山局石油課編『石油産業の現状』（一九六二年）八三頁。
23「法律改正のねらい　独占禁止法　外資導入の途を開く」『朝日新聞』（一九四九年六月四日）。

24「外資法　国会提出　認可制と送金の保証」『朝日新聞』（一九五〇年四月二七日）。

25『日本石油百年史』四八八頁。
26 中村「戦後日本のエネルギー政策」三九〜四〇頁。
27 第三三回参議院予算委員会三号（一九五九年一一月一六日）等、この時期の国会の様々な委員会において、貿易の自由化について「世界の大勢に抗すべきではないからして新時代に順応した日本経済の立て直し」「世界貿易の拡大に向かってその一助である」「産業の保護と自由化の拡大の調整を図りながら進む」といった表現が多く使われている。
28 五百旗頭真編『日米関係史』（有斐閣、二〇〇八年）二一八頁。
29 五百旗頭真編『日米関係史』二一六頁。
30 五百旗頭真編『日米関係史』二一三頁。
31 第三六回衆議院本会議三号（一九六〇年一〇月二一日）。
32 中村「戦後日本のエネルギー政策」五八頁。
33 経済企画庁編集『現代日本経済の展開　経済企画庁三〇年史』（一九七六年）一三八〜一四一頁。
34「エネルギー白書二〇一〇」第三部第四章第二節参照。
35 第四〇回衆議院本会議三五号（一九六二年四月一二日）。
36 同右。
37 二〇〇一年度版外交青書までは、主たる地域としての記載は中東ではなく中近東となっている。
38『朝日新聞』（一九六二年六月五日）。

39『産業全書　石油』（ダイヤモンド社、一九七四年）四六頁。.

40 石油開発公団は、自主開発の政府資金出資母体から二〇〇四年に独立行政法人化され、集約母体として独立行政法人・石油天然ガス・金属鉱物資源機構が二〇〇四年二月二九日に発足した。

41 国の機関が主導的に行っている例として、フランスのＥＬＦ－ＥＲＡＰ（石油探鉱開発公社）、ＢＲＧＭ（地質鉱山調査事業団）、イタリアのＥＮＩ（炭化水素公社）。国が民間企業に積極的な支援を与えている例として、西ドイツの一〇〇％ドイツ資本の石油企業八社によって設立された新ＤＥＭＩＮＥＸ（石油供給会社）がある。『資源問題の展望　一九七一』（通商産業省鉱山石炭局、一九七一年）一七〇～一七三頁参照。

42 藤田和男「石油開発と石油の安定供給を巡って」『石油危機から三〇年　エネルギー政策の検証』（エネルギー産業研究会、二〇〇三年）二三四～二三五頁の「わが国の海外油田自主開発の年譜と経緯」より抜粋。

43 アブダビ石油とインドネシア石油も商業生産を行っていたが、鉱区は国際石油資本が確保したもので、割高な原油の分譲を受けているといった実情であった。『現代日本経済の展開　経済企画庁三〇年史』六八頁参照。

44 Anthony Sampson, *The Seven Sisters, The Great Oil Companies and the World They made,* (London: Intercontinental Agency, 1975) p.202.:(Source: Multinational Hearings : 1974, Part 4, p.68, The seven sisters' shares of world crude oil production-1972).

45 政府の援助を受けた民間企業として、日本ではアラビア石油等がある。『資源問題の展望　一九七一』一八九頁参照。

46 通商産業省編『日本のエネルギー問題』（通商産業調査会、一九七三年）一一五頁。一九七一年の七大国際石油資本の勢力は世界の原油生産量の八三・七％、製品販売量八四・九％と依然として高い数値を占めている。

47 利権料の経費化とは、産油国の収入は総利益の半分（この中に利権料も含まれる）であったものを、公示価格から利権料を控除したものの半分に利権料を上乗せすることである。それにより産油国の収入が増えることになる。産油国の石油収入は多くの場合、産油国と石油会社との間で締結される石油利権契約に基づきドル通貨で受け取る形式をとり、公示価格を算定基準として利権料及び所得税を計算し、産油国の石油収入が算定されていた。『産業全書　石油』（ダイヤモンド社、一九七四年）三二頁参照。

48『日本のエネルギー問題』一一六頁。この協定は、①所得税額を五五％に統一、②原油公示価格の引き上げ三五セント／バレル、③運賃不均是正のための公示等。

49 石油便覧<http://www.noe.jx-group.co.jp/binran/>（二〇一〇年九月一八日アクセス）イランは、一九五四年コンソーシアムと事業請負契約を締結していたが、実質は利権協定とは異なっていた。

50「エネルギー資源問題の登場と産業構造の転換」『経済団体連合史』（経済団体連合会、一九七八年）参照。

51『三菱商事社史　下巻』（三菱商事株式会社、一九八六年）七九八～八〇〇頁

52 **Ralph N. Clough, *East Asia and U.S. security*, (Washington, D. C.: The Brookings Institution, 1975) p.5.**

53 五百旗頭編『日米関係史』二三六頁。

54 世論調査による、米国に対する「好き」は下落し続け、七三年、七四年には一八％と最低の数値を示した。出典：ＮＨＫ放送世論調査所編『図説・戦後世論史〔第二版〕』（日本放送出版協会、一九八二年）五百旗頭編『戦後日本外交史』一六〇頁。

55 一九七五年の統計でも国際石油資本が占める割合が総輸入量の七〇・〇％を占めている。出典：石油連盟『今日の石油産業』二〇〇六年、(million kℓ に換算)。

56『資源問題の展望　一九七一』一六五頁。

57『資源問題の展望　一九七一』一三三頁。

58『資源問題の展望　一九七一』一九三頁。

59『朝日新聞』（一九七二年一〇月三日）。ローマ・クラブとは、環境・人口問題等全地球的な問題に対処するために設立された本部をローマに置く国際民間団体で、一九七二年に出された報告書『成長の限界』で、現状のままで人口増加や環境破壊が続けば、資源の枯渇や環境の悪化によって一〇〇年以内に人類の成長は限界に達すると警鐘を

鳴らした。Donella H. Meadows; Club of Rome, *The Limits to Growth, A report for the Club of Rome's project on the predicament of mankind,* (New York: Universe Books, 1972), pp.185-197 参照。

60 早坂茂三『早坂茂三の「田中角栄」回想録』（小学館、一九八七年）二六四頁。

61 経済産業省「エネルギー生産・需給統計年報」。；Data for 1972 based on BP, *Statistical Review of the World Oil Industry, 1972.*

62 通商産業省鉱山石炭局石油計画課、石油業務課『石油産業の現状　附石油業法の解説』（石油通信社、一九七〇年）一六頁。

63 『石油産業の現状　附石油業法の解説』一六～一七頁。

64 『石油産業の現状　附石油業法の解説』一七頁。

65 山田恒彦「アメリカの国際石油戦略の新展開」岩尾裕純編『日本のエネルギー問題』（時事通信社、一九七四年）九五～九六頁。

66 山田「アメリカの国際石油戦略の新展開」九七頁。

67 高坂正尭「経済的相互依存時代の経済力―一九七三年秋の石油供給制限の事例研究」『法学論叢』一〇〇巻五・六号（京都大学、一九七七年三月）二一九～二二〇頁。

68 高坂「経済的相互依存時代の経済力―一九七三年秋の石油供給制限の事例研究」二二〇～二二一頁、(Darmstadte and Landsberg,op. cit., pp.21-22.)。

69 同右。

70 『毎日新聞』（一九七三年二月一八日）。

71 Henry A. Kissinger, *Years of Upheaval,* (Boston: Little Brown &Company,　1982) p.870.

72 杉山洋二「米国の国際エネルギー戦略とわが国の対応」『経済と外交』第六一四号（経済外交研究会、一九七三年七月号）一〇～一二頁。

73 ダイヤモンド社編『石油』（一九七四年）三六頁。

74 杉山「米国の国際エネルギー戦略とわが国の対応」一三〜一四頁。

75『毎日新聞』（一九七三年四月二二日）。

76 Draft Memorandum, From The President to Kissinger, "Draft," March 10, 1973, *DDRS*, CK3100517379.

77 James E. Akins, "the Oil Crisis: this time the wolf is here," *Foreign Affairs*, Vol. 51, No.3, (New York: Foreign Affairs, April 1973) p.467.

78 外務省情報公開文書「米国のエネルギー政策と我が国の立場」（一九七三年五月二〇日）一頁。

79 杉山洋二氏より筆者の質問に対してメールで直接回答をいただく（二〇一一年四月一四日）。

80 杉山「米国の国際エネルギー戦略とわが国の対応」一〇〜一一頁。

81 同右。

82 同右。

83 外務省情報公開文書「米国のエネルギー政策と我が国の立場」（一九七三年五月二〇日）一五〜一九頁。

84 外務省情報公開文書資源エネルギー・チーム「総理・外相外遊関係資料　資源エネルギー問題（案）」（一九七三年六月二二日）。

85 高安健将「政府内政策決定における英国首相の権力―石油危機に対するE・ヒースの対応を事例に―」『早稲田政治経済学雑誌』三五七号（二〇〇四年）八四頁。

86『今日の石油産業　二〇〇六』（石油連盟、二〇〇六年四月）二二頁。

87 Data for 1972 based on BP, *Statistical Review of the World Oil Industry, 1972.*

88 中曽根元総理大臣の秘書田中茂氏より電話をもらい、「民族の存亡は石油外交の成否に」『エコノミスト』（毎日新聞社、一九七三年六月一九日号）四二〜四五頁の内容について、当時の中曽根通産相の確かな真意であったことを確認（二〇〇七年二月一九日一七時）。

89 座談会「世界のエネルギー事情をめぐって」『経団連月報』第二一巻第六号（経済団体連合会、一九七三年六月）八〜二二頁。

90 両角良彦（元通産事務次官）「私の履歴書」『日本経済新聞』（一九九六年三月二四日）。

91 山岡淳一郎『田中角栄　封じられた資源戦略』（三陽社、二〇〇九年）一四二〜一四三頁。

92 国家的プライドの高揚については、五百旗頭編『日米関係史』二二三頁参照。

93 早坂『早坂茂三の「田中角栄」回想録』二六六頁。

94 Telegram, From Ingersoll to Department of State, “Energy policy; Middle east; Nuclear energy; Petroleum products; Power resources,” June 28, 1973, NSA, No.01748.

95 *Ibid.*

96 Akins, “the Oil Crisis: this time the wolf is here,” p.467.

97 Jeffrey Robinson, *Yamani: The Inside Story*, (New York: Simon & Schuster, 1988) p.91.

98 *Ibid.*

99 柳田邦男『狼がやってきた日』（文藝春秋、一九七九年）一八頁。

100 Kissinger, *Years of Upheaval*, p.869.

101 Kissinger, *Years of Upheaval*, p.871.

102 Memorandum, From Saunders, Quandt to Kissinger, “Israeli Policy Toward the Occupied Territories,” Sepember 7, 1973, *DDRS*, CK3100565061. (accessed March 9, 2010).

103 柳田『狼がやってきた日』二〇頁。

104 Robinson, *Yamani: The Inside Story*, p.91.

105 *Ibid.*

106 Robinson, *Yamani: The Inside Story*, pp.91-92.

107 *The New York Times*, October, 14, 1973, p.1.
108 Robinson, *Yamani: The Inside Story*, p.92.
109 *Ibid.*
110 *Ibid.*
111 *Ibid.*
112 山形栄治「激動の日々」『証言　第一次石油危機　危機は到来するか?』(日本電気協会新聞部、一九九一年)八九頁。
113 豊永惠哉「国際資源課長日記(上)」『通産ジャーナル』第九巻二号(通商産業調査会、一九七六年五月)五八～五九頁。
114 筆者による豊永惠哉氏へのインタビュー(二〇〇七年一二月二一日)。
115 同右。
116 NHK取材班『戦後五〇年その時日本は　五』(NHK出版、一九九六年)三一頁。
117 『朝日新聞』(一九七三年九月一七日)。
118 徳本栄一郎『角栄失脚　歪められた真実』(光文社、二〇〇四年)一七一頁。
119 山岡『田中角栄　封じられた資源戦略』一五四頁。
120 第四次中東戦争に関する山下官房副長官の発言」『わが外交の近況(下)』(外務省、一九七四年)一一五頁。「わが国としては戦火が一日も早く収拾されることを望む。武力紛争の根元には、永年にわたり中東紛争が未解決のままにとどまっていることがあり、わが国としては一九六七年の国連安保理決議二四二号に基づき、公正かつ永続的な平和がこの地に確立されることを望みたい。」
121 『朝日新聞』(一九七三年一〇月九日)。
122 柳田『狼がやってきた日』一六頁。

123 座談会（山下英明、隅谷三喜男、三橋規宏）「石油危機のころ」『通産ジャーナル』第二七巻第一号（通産商業調査会、一九九四年一月）五三頁。

第二章
第一次石油危機（オイルショック）

1　アラブ諸国の石油戦略発動

概観を述べておこう。第四次中東戦争の勃発後、アラブ諸国は米国のイスラエル支援政策に対抗して、石油戦略を発動した。アラブ諸国は、米国の同盟国である日本や欧州諸国にも石油供給削減の戦略を用いて経済的打撃を与え、米国のイスラエル支援政策を変更させることを試みたのである。しかし、欧州諸国や日本には、米国の政策を変更させるだけの力はなかった。そこで、アラブ諸国は、米国の政策を変更させる新たな手段を発動した。アラブ諸国は、日本や欧州諸国に、石油の確保を求めるならばアラブを強く支援するか、あるいはイスラエルを強硬に非難することを要求し、要求を受け入れないならば、さらなる厳しい石油削減を行うと迫ったのである。石油確保への不安を抱いた日本では、買い占めパニックがおこり、財界資源派をはじめとする世論の声は、日本政府に親アラブの立場を表明することを要求した。

このように日本政府が親アラブの立場をとらざるを得ない状況に置かれている最中、キッシンジャー国務長官と田中首相をはじめとする四閣僚との会談が行われた。この会談の席でキッシンジャーは、「日本がアラブの要求に応じて、イスラエルとの断交を表明することになれば、イスラエルを刺激し、米国の中東和平交渉を妨げることになる。米国の政策に従う方が日本の利益になる」と日本を牽制した。その背景には、米国の同盟国である日本がイスラエルを強硬に非難することで、イスラエルが米国に対して不信感を抱き、米国が仲介する中東和平交渉が成立しなくなるのではないかと米国は危惧したのである。もし中東和平交渉が成立しない場合には、アラブ諸国の不満が募り、米国とサウジアラビアとの関係がさらに悪化する可能性があった。そうなれば、米国の中東地域の石油権益保持に影響を及ぼしかねなかった。キッシンジャー国務長官の言葉によれば、米国は中東和平交渉を成立させることで、対イスラエル政策とアラブ地域での石油権益の確保を両立させようとしていたのであった*1。

要するに、日本は、石油確保のためにイスラエルを非難して親アラブの立場を表明し、アラブ諸国の友好国として認定されることを望んだ。他方米国は、中東地域の石油支配を保持するために中東和平交渉の成功を求め、日本にイスラエルを非難しないよう要求したのであった。石油の安定供給確保も良好な日米関係も必要不可欠である日本にとっては、大きなジレンマを突き付けられることになったのである。

では、詳しく見てみよう。

（1）一九七三年一〇月一六日〜

一九七三年一〇月一六日、OPEC加盟のペルシャ湾岸六カ国（サウジアラビア、イラン、イラク、クウェート、アブダビ、カタール）の石油相がクウェートに集まり、西側石油会社に対する共通の石油価格を協議し、国際石油資本と交渉することもせず一方的に、アラビアン・ライト原油の公示価格を一〇日の三・〇一ドル／バレルから五・一二ドル／バレルへと一挙に七〇％引き上げ、他の原油もこれに準じて値上げをすると発表した。さらに、新公示価格を拒否した場合には、この新価格で他の石油会社に提供することも明らかにした*2。

　翌一七日、OAPEC一〇カ国の緊急閣僚級会議がクウェートで開かれ、石油生産を前月九月の量を基準として毎月五%ずつ削減していくことを決定した*3。この措置は、イスラエルが第三次中東戦争の占領地から撤退し、パレスチナ人民の権利が回復されるまで続けるとした。だが、アラブ諸国に効果的な援助を提供するか、イスラエルに強硬な手段を発動する国に対しては、アラブの友好国と見做して削減措置を適用しないことを発表した。この段階ではどの国が友好国であるかはまだわからず、この締付けの対象として名指しされたのは米国だけであった。イラクは、原油生産削減が効果ある措置とは考えず、他のアラブ九カ国とは異なり石油戦略に参加しなかった。

表1　日本の地域別原油輸入（1973年度）

	数量（千kℓ）		同構成比（%）	
中　東	223,372		77.3	
イラン		89,508		31.0
サウジアラビア		57,398		19.9
クウェート		23,268		8.1
中立地帯		15,406		5.3
カタール		216		0.1
アブダビ		29,242		10.0
ドバイ		2,028		0.7
オーマン		5,365		1.9
イラク		902		0.3
バーレーン		39		0.0
東南アジア	53,782		18.6	
中　国	1,639		0.6	
ソ　連	1,423		0.5	
アフリカ	7,858		2.7	
その他	832		0.3	
合　計	288,906		100.0	

出典:『産業全書　石油』(ダイヤモンド社、1974年)42頁の石油連盟『石油資料月報』。

一〇月一六日、非アラブ国のイランから、イラン国営石油会社のエクバル総裁が大平外相を外務省に訪ね、中東戦争と関わりなく日本に石油を安定供給することを示唆した。日本側はその見返りとして、イランのパンダル・シャブールで進めている大規模な石油化学工場計画を利用してその周辺に工業都市を作る建設資金として、一億五千万ドルから二億ドルの長期低利円借款を供与する合意をした。

日本の地域別原油輸入の割合を示しているのが表1である。イランからの石油輸入量が一番多いが、イランは石油戦略には関係していなかったため、約二〇%の輸入量を占めるサウジアラビア、次に一〇%の輸入量を占めるアブダビ、約八%のクウェートといったところの動向に注目が集まった。

一〇月一七日から一八日にかけて、アラブ側の戦略が具体的な形で示されるようになった。一八日には、サウジアラビアのファイサル国王は、米国向けの石油をその日から一一月末まで一〇%削減すると発表した。そして一二月からは、米国が中東戦争における現在の立場を変更しない場合は、石油供給を全面的に停止するとした*4。アブダビは、一八日に実際に米国向けの石油輸出を停止した*5。アブダビの石油生産量は一日一五〇万バレルで、そのうちの米国向けは一二%だったため量的には大きな影響を及ぼすほどの数値ではなかった。しかし、アブダビが具体的な措置を実行したことで、消費国は大きな衝撃を受けた。

クウェートは、日本・サウジアラビア・クウェートの三カ国から成る合弁会社のアラビア石油に対して、一七日、原油公示価格の七〇%引き上げを一六日付けから適用することを、同社のクウェート事務所に通告してきた。まだこの時点では、クウェート政府の通告は値上げだけで、生産削減の連絡ではなかった*6。しかし、生産削減の通告がなかったからといって、日本が友好国と認定される確信が日本政府にあるはずもなかった。クウェートの現地紙が「生産削減は日本と西欧を困らせることになる。そうすることで日本と西欧が米国に対し圧力をかけるようになる。それが狙いである」という趣旨の論評をしていたことから、生産削減の通告がいずれ日本にもあるのではないかと推測されたのである＊7。

アラブの石油戦略に衝撃を受けた日本政府は、一〇月一八日、今後の石油の安定供給を確保するための外交的手段の検討に入った。まず日本政府は、ＯＡＰＥＣが石油生産削減を打ち出したことで多大な影響を受けるフランス、イタリア、西ドイツ等の中東石油の依存度が高い国々と連携していく方針を打ち出した。次に、石油の緊急融通制度を検討しているＯＥＣＤの石油委員会に通産省の部長級の幹部を派遣することを決定した＊8。このように消費国との連携を図るだけではなく、産油国に対しては、敵対するような印象を回避する手段が慎重に検討された。そして米国に対しても、政策の違いから日米間に軋轢が生じないよう注意を払う方針が検討された。他の消費国よりも中東原油への依存度が低く、しかもイスラエル政策を重要視している米国と、中東の石油に多大に依存している日本との間には、中東戦争に対する立場の齟齬があった。しかし、対米関係は日本の外交・安全保障政策において最も重要な関係であったため、日本政府は米国との関係にも配慮することを検討課題としたのである＊9。

以上のように様々な対応策を検討しながらも、日本は一方では楽観的な見解も持っていた。従来からアラブ諸国に対して親アラブの立場をとってきた日本の政策に鑑みれば、アラブ諸国から非友好国として扱われることはないのではないかと考えられたからである。例えば、日本はパレスチナ人の平等と自決権に関する国連決議を支持し、そのことでイスラエルから不満を持たれていた。そのため、まだこの時点でも、日本政府は従来どおりの対アラブ・対イスラエル政策に変更を加える意思はなかった。アラブ側の意図は、アラブの領土奪還を目指すために米国の対イスラエル政策を変更させることであった。そのために国際的に広汎な支持を得ようと米国の同盟国にアラブ支持を求めたのである。それは、ＯＡＰＥＣが一一月一五日付けの英国の『ガーディアン』紙に掲載した「今回の中東紛争に関するアラブの石油政策」を説明した半ページの広告で、OAPEC加盟各国は国際社会がイスラエルをアラブの領土から撤退させるための断固とした効果的な措置を決定するまでは原油生産の削減を続ける意図があり、米国の露骨なイスラエル支持政策が他の主要先進国にどれほどの犠牲をもたらしているかを米国がはっきり認識するまでは原油生産削減を続けると主張していたことからも明らかである*[10]。しかし、日本政府は、そのアラブの意図を汲み取っていなかった。

一〇月一九日、デジャーニ・サウジアラビア駐日大使を団長とするアラブ一〇カ国の駐日大使が、外務省に大平外相を訪ね、「中東戦争に関するアラブ側の主張を支持することを望む」趣旨の口上書を手渡したが*[11]、大平外相は、日本政府が従来からとっている立場―イスラエルの撤退を求める国連安保理決議二四二号を日本政府が支持している―を駐日アラブ大使達に伝えただけであった。従来と変わることのない日本の政策を強調してもアラブ支持と見做されるわけはなかった。アラブ側にとっては、安保理決議二四二号を遵守しないイスラエルを非難することを求めていたことから、日本の対応に満足しないのは当然のことであった。アラブ側からは何の反応も返ってこなかった。

石油購入に当たり日本が難しい立場にあるのは、中東地域からの石油に大きく依存しているものの、輸入量の約六〇%は国際石油資本を通して購入している形態をとっていることであった。したがって、アラブ寄りの政策と国際石油資本との関係を両立させなくてはならず、特に米国系国際石油資本との良好な関係維持は大切であった。このような状況に置かれている日本が、日米関係を致命的なものにしないようにして採択できる選択肢は非常に限られていた。

外務省では、日本が従来からアラブ支持の立場をとっていることを明らかにする三つの例を揃えた。①一九七一年五月、サウジアラビアのファイサル国王が来日したおり、パレスチナの権利を支持する文面を共同声明の中に入れたこと＊12、②国連安保理決議二四二号を支持していること、③一九七一年秋の国連総会で、「パレスチナ人の自決権を認める決議」に、米国側の台湾支持票集めのために非社会主義国であるアラブ諸国と取引をして賛成票を投じたいわゆるその場しのぎの性格のものではあったが、英国やフランスが棄権するなか賛成したこと、これら過去の出来事を強調することが効果的であるとした。

通産省では、一〇月一七日のＯＡＰＥＣの決定後、山下英明事務次官は、資源エネルギー庁のスタッフを集め、石油の値段高騰や供給削減による日本経済の先行きを研究させた。資源エネルギー庁石油計画課は国際資源課の協力を得て、予測される供給カットの影響を予測することになった。資源エネルギー庁のスタッフは、国際石油資本の日本の各石油会社に対する削減状況を聴取したが、個々具体的な数値ははっきりせず、予測作業は行き詰ってしまった＊13。

米国では、一〇月一九日、ニクソン大統領が、議会に二二億ドルもの対イスラエル緊急軍事援助支出の承認を求め、すでに八億二五〇〇万ドルに達する各種装備をイスラエルに送り出すことを承認していると語った。これに対し、直ちにリビアは、対米石油輸出全面停止を発表した。イラク政府もバスラ油田の石油公示価格七〇％値上げを実施した。一〇月二〇日から二一日にかけて、サウジアラビア、アルジェリア、クウェート、カタール、バーレーンは、リビア同様に、イスラエルに対する武器援助に抗議して対米向け石油の輸出全面停止を決定した。クウェートは、即時一〇％の石油生産削減も行った。サウジアラビアは、友好国、非友好国、敵対国の分類も発表した。「友好国」とはアラブ諸国に軍事援助をしているか、イスラエルと断交または国交のない国を指し、友好国には英国、フランス、スペインが含まれ、敵対国には米国、オランダの名が掲げられた。英国は、エジプトのパイロットを訓練指導していた。フランスは、ド・ゴール（Charles de Gaulle）大統領の政策により第三次中東戦争以後イスラエルへの軍事協力を禁止し、アラブ側にミラージュ戦闘機を輸出していた。スペインは、イスラエルとの国交を持っていなかった。しかし、日本には、友好国になる条件が揃っていなかった。一〇月二一日、クウェート・タイムス紙が、「アラブ・イスラエル戦争に関して、態度を明らかにしていないのはアジア、アフリカ諸国のなかで日本だけである。日本はその工業の九〇%をアラブの石油に依存して世界第三位の経済大国になっているし、アラブ諸国は日本の消費物資の巨大市場であり、クウェートの輸入第一位の国は日本である。このような緊密な経済関係にも拘らず、日本は米国の恐喝に屈服している*14」と日本を非難した記事を載せた。

米国は当面の対応として三つの構成要素からなる戦略を遂行することにした。①世界のエネルギー市場のバランスを回復させる国家エネルギー戦略を打ち出すこと、②いかなる痛みを伴おうとも、同盟諸国や産油国からの圧力に動かされない中東外交を確立すること、③この①②の前提を確立し、消費国を結束させること、であった*15。日本や欧州と比較すれば、米国は中東石油の依存率が低く、また、サウジアラビアの原油についてはほぼ米国系の石油資本が運営しているため、全面禁輸の実行は技術的に難しいと捉えていたのである*16。ゆえに、アラブ側が米国の同盟国を脅かしても、同盟国には、米国の対イスラエル政策を動かせるほどの力はなかった。米国は、アラブ諸国から禁輸措置を受けてもアラブ諸国の圧力には屈しない姿勢を崩すことはなかったのである。

一〇月二三日、エジプトとイスラエルが国連安保理決議を受諾し停戦となるが、今回の戦闘はアラブの結束に加え、近代装備をもったアラブの善戦で戦闘が長期化し、イスラエルも米国の援助により反撃を強化する等、互いに譲らず戦線が複雑な状態下で停戦したため、その後の交渉を待たなければ事態が解決される見込みはなかった。したがって、アラブ諸国は石油削減を続行した。クウェートは、オランダのアラブ敵視とイスラエル支持政策に抗議して、オランダ向け石油の輸出を即時禁止し、これにアラブ各国も同

調した。

これまでに、リビアは、一〇月一九日に原油価格を現行の四・六〇ドル／バレルから八・九三ドル／バレルに引き上げ即日実施、アブダビは、一〇月二三日にムバラス原油の公示価格を三・〇八ドル／バレルから五・三四ドル／バレル約七三％値上げを通告した。国際石油資本は、一〇月二〇日頃から日本の石油会社や商社に原油価格三〇％値上げや原油量五％から一〇％値上げを通達してきた。

（2）一九七三年一〇月二五日～

一〇月二五日、通産省は、国際石油資本の東京駐在代表者達を同省に呼び、値上げ通告の事情を聴き、欧米国際石油資本や独立系の各社がアラブの石油戦略による影響をそのまま日本への売値に転嫁しないように要請した。一方で、サウジアラビア国営石油会社ペトロミンは、アラビアン・ライトの直接輸出原油価格を二・二八ドル／バレルから七〇％増四・七六ドル／バレルにすると通告してきた。さらに、国際石油資本は、非アラブ諸国の原油を米国やオランダに振り替えて輸出する方針をとった。そのため日本は、インドネシアの非アラブ原油まで削減されることになった＊17。これら一連の出来事により、日本はアラブ諸国の石油戦略の影響をまともに受けるだけでなく、国際石油資本の世界的な原油配分政策と収益政策のなかに組み入れられていることが認識され、石油削減・値上げによる先行き不安の脅威は、次第に日本国内に浸透してきた。

同二五日、外務省では、アラブの友好国として認められることを期待して、アラブ支持の表現を強めた口上書を作成した。法眼晋作外務事務次官はデジャーニ駐日アラブ外交団団長を外務省に招き、日本の中東紛争に対する立場を記した口上書を手渡した。これは、先の一〇月一九日にアラブ一〇カ国の大使が日本に対して渡した「中東紛争のためにアラブ側の主張を支持することを望む」との口上書に応えたものであった。今回は、初めてアラブの名を入れて、アラブ側の要求を理解する日本政府の立場を明らかにした。「日本は武力による領土の拡張には絶対反対である。この見地から国連安保理決議二四二号を全面的に支持してきた。アラブ諸国が自分の領土を回復したいという願望を十分理解できる。今後、同決議の完全実施について関係国間で話し合い、中東紛争が完全に解決されることを望む。わが国としてはこの立場に立って国連の枠内で紛争を解決するとともに、国連のパレスチナ難民救済機関（UNRWA）に今後とも寄与したい。また、アラブの経済発展のために協力する*[18]」と記載された内容に、デジャーニ団長は評価を与えた。しかし、アラブ側の反応は依然としてなかった。

表2　OAPEC生産削減状況

	生産量(日量・万バレル) 73年7月～8月 ＊1バレルは約159ℓ	削減比率
サウジアラビア	845	20%
クウェート	297	10%
リビア	211	5%
イラク	204	82%
アブダビ	178	10%
アルジェリア	110	10%
カタール	57	10%
エジプト	24	不明
シリア	13	不明
バーレーン	7	10%
計	1,946	
世界生産に占める比率	37%	
同じく輸出の比率	50%	

出典:『中東日誌　1973年』(東南アジア調査会)292、294頁。
(イランの生産量は573万バレル／日)

ＯＡＰＥＣの生産削減が一〇％、さらにサウジアラビアは二〇％と制裁措置が厳しくなっていくなか、一〇月二六日、ＯＥＣＤ石油委員会の非公式情報により、アラブ産油国は友好国としてフランス、英国、スペイン、非友好国として日本、西ドイツ、イタリアを挙げていることが判明し、日本国内には不安が高まってきた。

　一〇月二六日、日本政府がまとめたＯＡＰＥＣの生産削減状況を示しているのが表2である。

　ＥＣ諸国も、一九七二年の石油輸入率は九六・七％、中東及び北アフリカからの石油輸入割合は八〇・四％、備蓄量は平均六九日であったため、ＯＡＰＥＣの生産削減は日本と同様大きいものであった＊19。

　欧州諸国間では石油緊急融通制度の発動を手控え今後の進展を見守ることにしたが、欧州各国は、一九五六年のスエズ紛争や一九六七年の第三次中東戦争で経験した石油危機以来、対応策を持っていた。米国がイスラエルに対して武器輸送を始めると、欧州諸国はアラブ産油国が原油出荷を停止する強硬手段に訴えるであろうと推測し、すぐに対策を講じた。例えば、イタリアとスペインでは石油製品の輸出制限措置をとった。西ドイツ、オランダも輸出制限措置に踏み切ることを検討していた。オーストリアは販売量を割当制とし、事実上の配給制に入っていた。英国も郵便局の窓口を通じて切符を配る等の配給制を準備していた。また、米国政府にあってもその行動は早く、一〇月九日には、ニクソン大統領がエネルギー節約国民運動を呼びかけ、一一日にはエネルギー自給体制確立に関する声明を行い、一二日には家庭用暖房油、ディーセル・エンジン用燃料等について業者間の強制割当制度を一一月一日から実施することを発表していた＊20。

　危機対策を講じていなかった日本では、中曽根通産相の「紙節約運動」の呼びかけが一〇月一九日に行われたにも拘らず＊21、その効果はなく、一一月一日には大丸ピーコック千里中央店の新聞チラシに出ていたトイレットペーパーの広告から始まったパニック買占め現象が爆発的に全国的に広がっていった。このような買占め騒ぎが起きた国は日本だけであった。不安を煽るような「大幅な供給削減の見通し」関連の新聞の見出しや緊急時の対策が予め備わっていなかったことは、不安をさらに増幅させた。日本政府が「石油の供給削減と当面の日本経済」と題した資料を発表したのは、一一月一五日であり、消費規制を狙いとした「石油緊急対策要綱」を決めたのは、翌一六日であった。また、消費規制を業種別に徹底させる「四分類方式*22」の作業にも取り組み始め、「石油二法」が完成し第二次石油緊急対策要綱が発表されたのも一二月二二日と遅かったのである。

当時、国際政治学者の高坂正尭は、アラブ諸国が石油戦略を長期にわたって維持できるはずはないと主張していた*23。なぜなら、経済相互依存関係が深化した国際社会において、石油供給削減や原油価格の引き上げという戦略は、次第に石油消費国から輸入する石油製品がアラブ諸国内で不足し始め、石油製品の価格も高騰するというアラブ諸国の経済に撥ね返った打撃を与えることになるのは自明の理だったからである。したがって、日本の石油備蓄に鑑みても、日本はアラブの石油戦略の対応に焦ることはなかったのである。しかし、かつて経験したことのないアラブ諸国による石油戦略を前にして、日本政府が危機に備えた対策を持っていなかったことは、国民の不安を一層駆り立てることになった。政府の危機に対する準備不足は、国民のパニック状態を抑えることはできず、政府も国民もアラブの戦略の脅威に慄いた。国内のパニック状態を抑えるには、石油を安定的に確保できる保証が必要であった。その保証を米国からもらうのか、アラブ産油国からもらうのか、その可能性を探ることになった。石油確保の保証を米国からもらえるのならば、日本政府は苦渋の選択を迫られることはなかった。しかし、米国には、日本に石油確保の保証を与える力は持ち合わせていなかった。

2　アラブ諸国の石油戦略強化

（1）アラブ諸国の石油戦略強化

アラブ諸国の石油戦略は当初個別に実施されていたが、次第に各国が足並みを揃えて統一的に実施するようになったために、その影響はさらに増大することになった。一一月三日、ヤマニ・サウジアラビア石油相は、オランダ向け石油供給の全面禁止を確認し、カナダ、南アフリカ等石油類を恒常的に米国に供給している国に対して、石油輸出禁止措置をとった。一一月四日、アルジェリアは、アラブ地域から引き続き石油の供給を受けることができる「友好国」の条件を提示した。友好国の条件は、①スペインのように以前からイスラエルと外交関係を樹立していない国、②イスラエルとの外交関係を断絶した国、③イスラエルの侵略を非難し、占領地域からの撤退を要求した国であった。一一月四日夜から五日未明にかけて、ＯＡＰＥＣ加盟の産油一〇カ国は、クウェートで緊急閣僚会議を開き、対イスラエルとの停戦交渉を有利に進めるため、これまでアラブ各国がそれぞれに講じていた供給削減措置を統一し石油戦略の強化を図ることを決めた。会議終了後、一一月の生産を前々月九月の量を基準として二五％削減、その後毎月五％ずつ削減率を積上げていく方針を決め、アラブ支持に積極的な態度をとらない国には、この削減率を適用すると警告した＊24。日本は、削減の対象国であった。この時点で、アラブ産油国による総削減量は約四七〇万バレル／日で、これは日本の総輸入量とほぼ同量、つまり、世界産油量の約一四％にも当たるものであった。友好国と見做されていた英国やフランスも、国際石油資本による世界均一的な原油配分政策の展開等も影響し、十分な原油を確保できない状況にあった＊25。それゆえ、このＯＡＰＥＣの警告は、中東の石油に大きく依存している国にとっては、衝撃的な内容だったのである。米国の同盟国にとっては、米国の政策と同調せずに自国の安全を担う石油獲得の道を選ぶべきか否か、その選択をアラブ側から試されることになった。

ＥＣは、すばやい反応を示した。一一月六日、ＥＣ九カ国は、イスラエルを名指しで非難する声明を発表し、イスラエル軍は国連停戦ラインまで撤退すべきで、国連安保理決議二四二号が示す和平を求めることを唱えた。そして、米国の政策を非難した。その米国に対する非難は、米国の飛行機が英国の基地から装備をもって飛び立つ許可を与えなかった英国の姿勢に象徴された*26。

同一一月六日、日本政府も、二階堂進官房長官の談話として声明を発表した*27。しかし、米国に配慮しなければならない日本としては、イスラエルの名を出してイスラエル切捨てと受け取られるような声明は作成できなかった。日本の声明は、イスラエルを名指しで非難せず、以前アラブ一〇カ国の駐日大使に出した口上書の内容に、「中東地域に影響が大きい米ソ両国が、公正、急速な解決のためあらゆる努力をするように要請する」という文を付け加えただけのものであった。したがって、アラブ支持の単なるジェスチャーのようなもので、アラブ諸国にとって明確なアラブ支持と認めてもらうには程遠いものであった。やはり、この談話はアラブ支持を印象づけるものではなく、アラブ諸国が日本に対する政策を変更するには至らなかった。ベイルートの権威ある石油情報誌ミドル・イースト・エコノミック・サーヴェイは、一一月六日の特別号で、「『サウジアラビアは日本政府に対し、もしサウジアラビアその他アラブ諸国の石油について最恵国待遇を得たいならば、イスラエルとの外交・経済関係を断絶すべきである』と通告した*28」と報じた。アラブ側がイスラエルとの断交を日本に迫ってくる脅威が高まるなか、外務省も通産省も情報集めに努力した。

一一月初旬、日本国内の新聞は緊急事態を強調した。政策担当者や日本国民の間にも、日本はどのくらい石油を確保できるのかその供給見通しの不安が高まった。一一月四日のＯＡＰＥＣ二五％削減の発表に対し、「日本供給三〇％減？＊29」等、新聞の見出しは世論の危機感を一層高めた。外務省は、石川良孝クウェート大使の報告を受け入れる余裕はなかった。石川大使が「この二五％削減は、米国とオランダに対する禁輸分も含めるので、実質は一〇％の削減であって削減強化をしたものではない。また、日本の中東からの石油輸入量の約半分はイランからの石油なので、削減対象になる石油は総輸入量の約四〇％である。その一〇％の削減となれば。全体の四％にすぎない＊30」と説明しても、あるいは、石川大使が中近東アフリカ局長田中秀穂に直接電話で説明しても＊31、石川大使の情報は楽観的すぎるとして受け入れられることはなかった。日本政府もマスコミも削減される数字にのみ気をとられた。当時中近東アフリカ局参事官であった中村輝彦は、「マスコミの『大幅に削減される』という報道に影響されてしまった＊32」と述懐している。アラブ産油国の生産量削減は、国際石油資本からの石油供給が削減されることでもあり、日本国内には先行きを懸念する恐怖が高まった。

通産省は、一一月一〇日、石油供給の当年度下期の見通しをまとめた。その数値は二〇％から二三％の下落であった＊33。石油課では、海外スタッフや日本貿易振興機構（ＪＥＴＲＯ）及び石油会社スタッフの情報を集め、石油供給予想の修正作成を行った。石油供給の見通しは様々で、山下事務次官は、日本経済の衝撃は重大になると警告したが＊34、山形資源エネルギー庁長官は、アラブ諸国の供給削減二五％の決定は米国やオランダの禁輸分も含んでいるので、実際は供給削減が強化されたわけではないと表明した＊35。通産省は、供給が落ち込むと予測しながらも、日本政府は、海上輸送中のものも含めて七九日分備蓄があるので当面はあわてず推移を見守るとの声明を出した＊36。しかし、国内のパニックは収まるところを知らなかった。

一一月一二日、ヤマニ・サウジアラビア石油相は、記者会見で日本の対イスラエル外交を批判し、「日本がアラブ石油輸出の完全再開をとりつけたいなら、イスラエルと外交、経済、貿易関係をすべて断絶しなければならない」と語った。さらに「日本は我々に対して、もっと友好的な態度を示さなければならない。我々に敵対すれば石油は供給せず、中立を守れば供給を受けられるが以前ほどではなく、友好的であれば以前同様に供給する*37」と警告した。しかし、日本政府は、対米関係を重視する観点から、ＥＣのようなイスラエルを名指しで非難する声明を発表するか否か逡巡した。

（2）密使派遣計画

外務省では、石油確保の打開策を探るために、田中秀穂中近東アフリカ局長が中心となって、アラブの日本に対する情報収集のための密使派遣計画を企てていた*38。密使からの情報を待ち、一一月一四日に来日するキッシンジャー国務長官の訪問が終わるまでは、重大な決定を控えることにしたのである*39。

密使として選ばれた三人は、森本圭市、田村秀治、水野惣平であり、彼らは密かに各々のルートでサウジアラビアと交渉することを依頼された。森本は、大阪外語大学出身で一九五五年外務省に入省し、シリア、エジプト、サウジアラビアの各大使館に勤務した後、一九六五年に辞め、中東物産という会社を経営していた人物で、ファイサル国王の義弟カマル・アドハム（国王直結の外交関係総括室長）と懇意にしていた。田村は、駐サウジアラビア大使経験者で、前年退官後アラビア石油顧問に就任し、ファイサル国王やその側近と面識があった。水野は、アラビア石油社長で、現地の取締役会のために当地にいた。一一月一〇日、森本と田村は同じ飛行機に搭乗しながらも、各々別行動でリヤドに到着した。そして、キッシンジャー国務長官が来日するまでに、日本に対するアラブの情報を外務省に提供する任務に当たった。

（３）難航する日米交渉

日本政府は、アラブ側からは、供給削減を免除される友好国となるにはアラブ支持を積極的に行わなければならないと要求され、米国側からは、そのようなアラブの要求に屈しないことを要求された。こうして日本政府は前例のないジレンマに陥った。外務省内でも通産省内でも、アラブの要求と米国の要求をどのように受け止めるかで意見が分かれた。たすき掛けの状態であったと言われているように、外務省内では、親アラブの表明に、大臣（否）・事務次官（肯）・担当局長（否）・担当課長（肯）、他方通産省内では、大臣（肯）・事務次官（否）・資源エネルギー庁長官（肯）・担当課長（否）といった構図がみられたのである*40。

キッシンジャー国務長官は、中東からの帰途一九七三年一一月一四日に来日することになった。日本政府は、アラブ諸国に派遣した三人の密使からの情報を待ちながら、キッシンジャーが来日して米国の立場を説明するまで事態を見守ることにした。もしキッシンジャーが日本に石油供給の確約を与えてくれるならば、これ以上アラブ寄りの政策を模索する必要はなくなる可能性があったためである。

日本側は、キッシンジャー国務長官との会談に際し、アラブ支持を明確に表明する日本の外交政策に対する理解、あるいは米国からの石油供給の確約を獲得したいと期待していた。そのために、日本が中東の石油に大きく依存していることで石油不足の不安が広がり国内がパニック状態になっていること、国民の大多数が欧州と同様にアラブを積極的に支持するよう望んでいること等、日本の窮状を訴える資料を揃えた*41。この文書に見られる「アラブへの積極的な支持表明」とは、イスラエルを名指しで非難することを意味していた。

キッシンジャー国務長官訪日の目的の一つは、中東和平を促す一方で、西側諸国が結束してアラブの戦略に立ち向かい、石油の安定供給を図ろうとする米国の政策に日本が協力するよう、日本政府を説得することであった。すでにＥＣは、米国の政策に同調することはせず、独自の立場でイスラエルを非難していた。しかし米国は、圧力をかければ日本は米国に同調するものと見做していた。それは、日本は対外政策では自己主張に乏しく、米国の軍事力によって日本の安全が保護されている以上、欧州と同じような行動をとれるものではないと見做していたからである＊42。そして、米国は、政治・経済の領域で米欧と同じ枠組みを構築することで国際社会の中で主要な地位を得ようとしている日本に同調を働きかけるには、「キッシンジャー構想＊43」を主題とすることも重要であるとした＊44。

米国務省は、訪日直前のキッシンジャー国務長官に、日本への説得工作に効果的な情報について報告した。その文書は、「（ニクソン大統領が日本を飛び越えて訪中するとの発表があって以来、）日本が米国に抱いた不信感は、一九七三年六月に米国が大豆の輸出を全面的に停止し輸入ライセンス制を導入したことで一段と高まっているので、日本の対米不信を払拭することが重要である」と指摘していた。その具体策として、①日本がアラブの要求を受け入れないよう、国際石油資本は日本を差別して取り扱うことはしない、②長期的な観点から米国と協調する方が日本にとって大きな利益となる、③イランやインドネシアからの石油を調整することは可能である、④ＯＥＣＤの下で緊急時や石油不足に対処できる制度が必要である、以上の方針を日本に伝えることが効果的であると書かれていた＊45。しかし、このような方針のみでは、国内のパニック状態を鎮めようとしている日本政府を説得するには不十分であった。ましてや、日本国内では、世論が日本政府に親アラブ政策の推進を強く要求していたのである。さらに、中曽根通産相との会談前には、日本を米国の政策に従わせるための新たな戦略がキッシンジャー国務長官に進言されていた。それは、中曽根がアラブ諸国との関係を重視し、米国の要求に対して強い抵抗を示した場合には、「国際石油資本は石油を日本に回さない」と圧力をかけることを提案するものであった*46。このようにして、キッシンジャーは日本の窮状に理解を示す姿勢をもたないまま、二日間で日本政府の四閣僚（大平正芳外相、愛知揆一蔵相、田中角栄首相、中曽根康弘通産相）と会談に臨むことになる。

アラブ諸国の石油供給削減という戦略は、石油を武器にして欧州諸国や日本に打撃を与え、それによって同盟国間の結束に対する危機感を米国に与え、米国に対イスラエル支援政策を停止させようとするものであったが、米国は、自国のイスラエル政策を変更せずに中東和平交渉を成功させ、イスラエル政策と石油権益確保の両立を図ることを希求し、日本にアラブの要求に屈することのない姿勢を崩さず、米国と協調姿勢をとることを求めた。

一方、日本にとっては、米国との協調は日米安保の観点からも重要なものであったが、それと同時に、石油の安定的な供給確保も重要な国益であった。キッシンジャー国務長官との会談を行った日本の四閣僚は、米国が日本に石油の供給確保を保証することができない状況では、決して米国の要求を受け入れることはできないとの姿勢を崩さなかった。

日本は、会談が平行線のまま終わってしまったことから、その後の展開に気を配った。それと並行して、財界資源派をはじめとする世論が親アラブの立場を表明するよう日本政府に迫る声が高まるなか、新たな日本の中東政策として、どの程度イスラエルを非難すべきかという問題に直面した。

だが、日米間の摩擦は、日米が有するより大きな共通利益を日米双方が再確認する過程でもあった。キッシンジャー国務長官との会談に臨んだ四閣僚が示した米国の要求に応じない頑なな態度、しかし、欧州のように米国の政策を非難せず日米関係を基軸とする態度は、次第に米国の政策にも変化を生じさせることになったのである。

では、その会談内容を詳しく見てみよう。

①米国の強硬姿勢

一一月一四日に来日したキッシンジャー国務長官は、当日一五時三〇分から二時間二〇分にわたって大平外相と外務省で会談を行った＊47。同席者は、安川壮駐米大使、東郷文彦外務審議官、大河原良雄アメリカ局長、インガソル（Robert S. Ingersoll）駐日大使、ハメル（Arthur W. Hummel）東アジア・太平洋担当国務次官補代理らであった。

大平外相は、日本の窮状を真摯に訴えるものの、米国との良好な関係維持を最優先にする態度で会談を進めた。この会談で話された主な内容は、中東問題、キッシンジャー構想、米中関係に関するものであった。ここでは、中東問題とキッシンジャー構想に注目して分析する。

大平外相は、キッシンジャー国務長官の中東和平に向けての超人的な努力を称え、中東の状況と今後の見通しについてキッシンジャーに見解を求めた。それに対しキッシンジャーは、米国の同盟国がアラブの脅迫に屈することになれば和平が遅れることを強調した。続いて大平は、日本が欧州と同様に国連安保理決議二四二号を支持しているにも拘らず、アラブは日本にもっと圧力をかけてくるので困惑しているのだという状況を説明した。そして大平は、日本がイスラエルと断交はせず米国との関係を固く望んでいる意向を伝えるとともに、日本がどのような声明を出せるかを決定するための今後の見通しと状況について、キッシンジャーに率直な意見を再び求めた。

キッシンジャー国務長官は、アラブの戦略を、米国の同盟国を脅迫して間接的に米国に圧力をかけることで、イスラエルを国連安保理決議の勧告どおり占領地域から撤退させることであると見做していた。したがって、キッシンジャーは大平に、米国はアラブと直接交渉するような策を講じているところであり、それが成功すればアラブが石油を武器とすることはなくなるだろうと説明した。「アラブの意図は米国に圧力をかけることであり、そのためにアラブ側は米国の友好国に脅迫をかけているのである。その脅迫に日本は屈してはいけない*[48]」、「屈すればさらなる脅迫があるであろうし、平和的な解決を遅らすことになる*[49]」という表現で、キッシンジャーは、日本がアラブの要求に応じないよう警告した。「もし日本がアラブの脅迫に屈してイスラエルに制裁を課せば、アラブは日本にさらなる脅迫をするであろう。それゆえ、日本が親アラブ政策を発表しても、日本にとって真の利益とはならないし何も得るものはない*[50]」とキッシンジャーは示唆し、アラブからの脅迫に屈せず、日本の長期的な利益に鑑みて米国の戦略に従うことを日本に要求したのである。その要求に対して、大平外相は反論することはなかったが、受け入れる約束もしなかった。

大平外相の主張は、日米関係を基軸とし米国の中東和平努力に逆行することはしないが、日本の窮状を解決するために、親アラブの立場の声明を「イスラエルに対する立場の再検討」という表現で発表したいと理解を求めるものであった。日本も欧州諸国も国連決議二四二号を支持しているにも拘らず、欧州諸国の大多数は友好国と見做され、日本は友好国と見做されていないこと、日本は石油のほとんどを輸入しその大半は中東から輸入していること、また、その大部分は米国系国際石油資本から買っていること、ＯＡＰＥＣの生産一〇％カットの発表後、あるメジャーは日本向けを二〇％から三〇％カットすると通達してきたこと等の窮状を、大平は説明した*[51]。

会談は、お互い主張の繰り返しであった。キッシンジャー国務長官は、アラブとイスラエルに影響を与えられるのは米国だけであり、米国がアラブの要求に屈しないことが平和達成の道であるという観点から、日本にアラブの脅迫に屈しないことを、再三要求した。そして、「近々石油制限が緩和に向かうのではないか」と大平に伝えた*52。しかし、その期日は不確定であり、しかも、「米国は中東からの石油依存率は一五%であるので冷静でいられる。米国は日本の経済的窮状に関心はない*53」とキッシンジャーは発言した。このキッシンジャーの強硬な発言は、日本が限界とされていた線を越えてもっとアラブ寄りの政策をとる一つの要因になったと見做されることになった*54。

キッシンジャーの強硬発言に対して、大平外相は受け入れることも反論することもせず、自分の主張を繰り返すだけであった。双方互いに満足を与えるような回答はなかった。ただ大平は、日本は米国の平和努力に逆行しない政策を施行する点を強調した。

しかしながら、日米両国にとって、会談で何かしらの合意点を形成することは、それぞれの外交政策を進めていく上で重要なことであった。キッシンジャー国務長官は、日本の中東政策に関して理解を示すことはなかったが、日本の要望である安保条約下で在日米軍に供給している石油を米国が融通することを検討すると協力姿勢を示した*55。さらに、「キッシンジャー構想」を実現させることで、日米欧の枠組みのなかで日本に正当な地位が与えられるよう要望していると訴えた大平外相に対し*56、キッシンジャーは「欧州の態度は近視眼的だと思う。私は来月多分欧州で本件構想についてメジャースピーチを行う予定であるが、その中で日本の役割を強調するつもりであり、日本に言及する部分については、日本の要求が反映されるように安川大使と密接に協議していく*57」と、日本の参加を米国が支持することを約束した*58。そして、キッシンジャーは、大平との率直な意見交換が、米国の対日政策に影響を及ぼさず、米国と日本の基本目標は同じであるがアプローチが異なるのみであると確認した*59。

当日のキッシンジャー国務長官を迎えた晩餐会において、キッシンジャー国務長官は、大平外相の中東紛争の分析を高く評価した＊60。

翌日、外務省では、キッシンジャー・大平会談の内容を引き継いで、田中・中近東アフリカ局長と山本学中近東課長が、中近東課で作成した日本政府の声明案文について米国務省のスタッフと検討に入った。密使の森本から得た情報を基にさらなる親アラブの立場をとった声明が必要であるとして作成された日本側の案文は、これまでに発表した声明文に「イスラエルの全占領地域からの撤退（全面撤退）を求める」と「イスラエルに対する政策の再検討を行う」という二つ文言を付け加えたものであった。「イスラエルとの国交断絶」の表現を使わずに、イスラエルを強く非難する意味合いをもたせる表現として、「イスラエルに対する政策の再検討」という表現を考案したのである。

しかし、米国はこの二つの項目、「全面撤退」・「再検討」を削除した案文を提示した。日本案は却下されてしまったのである。それでは従来発表してきた日本政府の声明文と何ら変わるものではなかった。しかし、田中局長は、強硬な米国側の要求を前に、米国案を受け入れざるを得なかった＊61。

②対立の激化

一一月一五日朝八時三〇分より、インガソル駐日大使を交えてホテルオークラで、朝食をともにしながら約一時間キッシンジャー・愛知会談が行われた＊62。この会談の特徴は、日本が米国の意向にそぐわない政策をとる可能性を示唆する強い姿勢を示したことにあった。そして最も注目すべき点は、その後の新中東政策を形成する上で重要な点、つまりイスラエルとの関係を断つ声明は発表できないが、イスラエルの名を出して非難した欧州と同様の段階までの声明ならば可能であることを日本が認識した点である。

この会談におけるキッシンジャー国務長官の主張は、「アラブが真に望んでいることは平和的解決であって、その役割を果たせるのは唯一米国だけである。脅迫を受け入れることは解決を導くことではない」という発言に集約することができる。キッシンジャーは愛知蔵相に、単独でアラブ寄りの立場をとらせようとするアラブの誘惑に乗らないようにと釘をさし、日本がこの種の脅迫にもろいことを懸念した。

これに対して愛知蔵相は、「日米が同じ目的を持っていることを理解するが、国内状況や世論の違いによって同じ目的に進む過程が異なることもあり得る*63」と主張し、石油の大半を中東に依存している日本の大多数の声はアラブ寄りの外交政策を求めていること、石油生産削減は日本の経済成長率をゼロに下げてしまうことを説明した。その上で、愛知は米国の要求には応じられないと伝えた*64。大平外相とは異なり、愛知はキッシンジャーの要求に、はっきりとノーを突き付けたのである。

愛知外相の強硬な反発を受け、キッシンジャー国務長官の圧力は高まった。「イスラエルとの関係を絶つことは、米国にいるユダヤ社会が日本製品をボイコットすることになるであろう。自分は、親アラブでもないし親イスラエルの立場をとるものでもない。必要なのは全面的解決である。日本が行動を起こさないこと、しかし、欧州がとった行動までならば理解できるが、それを越えた行動は危険を呈することになる」と発言するまでに至った*65。キッシンジャーは、日本がアラブの要求である「イスラエルとの断交」を発表することを牽制したのである。しかし、このキッシンジャーの発言は、もう一つの解釈を日本に提供することとなった。キッシンジャーの「欧州がとった行動までならば理解できる」という発言は、欧州が一一月六日に発表したイスラエル名指しの非難声明を指していた。こうしたキッシンジャーの発言から、米国はイスラエルを名指しで非難する声明の発表に関しては許容するつもりであったと推論することができる。

最後に愛知蔵相は、「日米が同じ目的を持っていることを理解するが、国内状況や世論の違いによって同じ目的に進む過程が異なることもあり得る*66」と述べて、会談は終了した。

こうしてキッシンジャー国務長官と愛知蔵相の会談では、何ら合意は成立しなかった。

③日米間合意点の模索

田中首相は、キッシンジャー国務長官との会談が行われる前日の一四日、財界資源派の主要メンバーから、石油安定供給確保のために中東外交の進展を図るよう要請を受けていた。当日、経団連では、田中の資源外交を支持する主要メンバーの一人であるエネルギー対策委員長松根宗一の司会で、エネルギー対策懇談会が開催された。これは、経団連の資源委員会によって開かれたもので、石油危機について重要人物を招き、この危機に対して官民合同の一致した意見を形成することを目的としていた。出席者は、川又克二（日産自動車会長）、土光敏夫、岩佐凱実、河野文彦（三菱重工相談役）、安西浩（東京瓦斯会長）、今里広記、招かれた専門家は、石油連盟会長の密田博孝、通産省資源エネルギー庁石油部長の熊谷善二、日本エネルギー経済研究所の向坂正男であった。石油供給の予測、エネルギー消費制限の政府計画、石油危機に対する長期的な意味合い等、これら一連の討論を通じて、財界リーダーらは危機感を一層強めた。その結果、財界資源派は、日本は石油供給のために資源外交を推し進めるべきとの意見で一致し*67、その日の夕方に、経団連会長植村甲午郎、副会長土光、それに松根、今里を加えた四名が、東京・平河町にある砂防会館の田中事務所を訪れ、田中首相に直接会って、中東からの石油を確保するために官民合同の使節団をサウジアラビア等に特派するよう進言した*68。アラブ支持をしないならば日本は悲惨な結果になると強調したのである。田中は、この状況についてさらなる研究をするつもりであることを述べ、財界の進言に理解を示した*69。

一一月一五日午前一一時から一時間半にわたって、キッシンジャー・田中会談が首相官邸で行われた*70。

会談には、大平外相、法眼外務事務次官、大河原アメリカ局長、安川駐米大使、インガソル駐日大使、シュースミス（Thomas P. Shoesmith）公使らが同席した。この会談の特徴は、表面上進展は見られなかったが、日本が窮状に置かれても米国への基本姿勢が変わらないことを田中首相がはっきり伝えた点である。もう一つの特徴は、キッシンジャー国務長官が、アラブの要求に屈しないこと、短期的な利益は長期的にみて日本の利益にならないと日本に警告するものの、日本が抱く不信感を払拭するために今後事態の推移を逐次日本に知らせると、日本への配慮を示す兆しが現れたことである*71。

田中首相は、キッシンジャー国務長官に、訪米の際のもてなしを謝し、国務長官就任とノーベル平和賞受賞の祝辞を伝えた。会談に入り、田中の「米国とソ連との基本的合意があるのか」との質問に対し、キッシンジャーは、「和平交渉に参加する等、手続き面ではソ連との合意をみているものの、イスラエルの問題は、米国内において複雑な国内問題であり、この意味でイスラエルを動かすことが米国にとって高価な代償を払うことを意味する以上、米国としては、米国自身の利益のためにのみ、この代償を払う」と、米国の方針を語った。ソ連との合意があるということは、アラブ側との交渉が進展し、石油供給削減の終了が近づく可能性を示すものであった。そこでキッシンジャーは、日本に米国への協力を求めるために、今後の事態の推移を逐次日本に知らせていくことを約束した。

しかし、国内のパニックを抑える必要があった日本が、アラブの要求に応じることなく米国への協力を行うには、石油の安定的な供給の確約を米国から得る必要があった。田中首相は、アラブ諸国から「イスラエルとの関係を再考する」との声明を発表するよう要求されていることや、石油削減によって予測される日本の窮状を、具体的数字を挙げて訴えた。「本年三億一千万キロリットルにのぼる我が国の石油輸入のうち、八〇％は中東からであり、四〇％はアラブ産油国からである。そして、日本はアラブ産油国から石油供給を二〇％から三〇％削減すると通知されている。このため二〇日から国内石油消費を一〇％削減し、電力消費を一〇％削減する等の措置をとらなければならないが、これは我が国に重大な影響を与える。アラブ産油国は、輸出カットをさらに強め、五〇％にまでなるだろうと言われている。一一月二〇日から一二月三一日まで電力を一〇％削減し、さらに一月一日から三月三一日まで一五％から二〇％カットすれば、ＧＮＰ成長率はマイナス五・五％になり、これは重大な問題である」と田中は述べた後、米国から日本に必要な石油の供給を約束してもらえるか尋ねた。それに対して、キッシンジャーは、「米国も十分な石油を持っているわけではないが、日本のこの状況を和らげる方法について協議する用意がある」と返答しただけであった。石油保証の確約はなかった。こうして両者の要求は平行線を辿ることになった。

田中首相の基本姿勢は、日本がより明確な親アラブ政策を遂行しなければならない必要性を唱えながらも、日米関係の重要性を強調するものであった。このような田中の基本姿勢は次の発言に集約することができる。「日米協力を前提として、日米友好の下にともに努力していくことは当然である。他方、中東問題は我が国に重大な影響を与えている。日本の米国に対する基本姿勢は変わらないが、日本と米国との間の大きな差は石油である。もし日本が何の行動も起こさないならば、アラブは日本とイスラエルの経済関係を厳しいものにすることを要求してくるであろう。日本はその路線をとることはできない。それゆえ、アラブのさらなる要求を押さえる声明を発表しなくてはならない。日本の声明がこの問題を解決するとは思わないが、この状況を緩和させる行動をとって欲しいという日本人の願いを満足させることをしなくてはならない。しかし米国の解決に向けての努力を妨げてはいけない。これらの状況下で、すべての要因を満たして最良の決定をしなくてはいけない。アラブがイスラエルとの外交を厳しいものにせよと要求してきても、日本はその意向はない。しかし、日本は米国の中東問題に対する努力を妨げることのない基本姿勢を維持しながら、可能な限りにおいてアラブに意思表示を見せることは、日本の立場として必要である*72」。

キッシンジャー国務長官は、日米がお互いの事情を認識しているため、完全な合意点を見つけることは難しいと判断した。そのため、この問題について、大平・シュースミス間でさらなる討議をすることを提案した。この提案に田中首相も賛同した。「米国の戦略に協力する方が、日本にとってはもっと利益になるであろう*73」と、キッシンジャーは述べ、「米国に受け入れられる方法を見つけなければいけない*74」と、田中は応えて会談は終了した。

結局、合意点の模索は功を成さなかった。しかし田中首相の発言は、窮状に置かれても米国への基本姿勢は変らないという日本外交の方針を米国に明確に伝えるものであった。他方キッシンジャー国務長官は、今後事態の推移を逐次日本に知らせる等、日本が抱く対米不信感を払拭しようと努め始めたのである。

④日米協力関係の模索

一一月一五日一三時三〇分よりホテルオークラで、キッシンジャー・中曽根会談が始まった*75。米国側は、親アラブ政策を強く支持している中曽根通産相の動向を注視していた。会談前に、キッシンジャー国務長官は、国務省の政策担当者から報告書を受け取っていた。その報告書には、「中曽根はいずれ首相を狙っている人物で、もし日本が独自の外交政策で石油不足を解消できたならば、彼は確実に名声を得るだろう。中曽根はもっと親アラブの政策をとることを示すかもしれないが、それをさせないためには、日本に入ってくる非アラブ系の石油を、国際石油資本が米国に振り替えることができると示唆することである」と記載されていた*76。つまり中曽根が強く主張する場合には、国際石油資本は石油を日本に回さないと圧力をかけるというのが米国の交渉戦術であった。従来であれば、そこで日本は譲歩したかもしれない。しかしエネルギー資源確保の問題は、日本の安全を根幹から揺るがす問題であった。状況は、従来とは全く違った。

会談におけるキッシンジャー国務長官の立場は、日本が石油供給を必要としていることを認めながらも、石油問題解決の最良の方法は中東の和平解決であるというものであった。キッシンジャーは「イスラエルが武力で占領した土地から完全に撤退することが肝心で、それに向けて全力を注いでいる」という米国の中東和平交渉に向けた努力を説明し、中曽根通産相に理解を求めた*77。しかしながら中曽根は、同盟国である日本との良好な関係維持は米国の世界戦略にとって欠かせないものであることを強調して、交渉を進めたのである。

中曽根通産相は日本の石油事情を説明し、キッシンジャー国務長官は米国の中東和平に向けた努力を語った後、中曽根は、「石油輸入削減と物価高騰は翌年の参議院選挙に影響を与え、野党が優勢になれば日米安全保障条約にも影響が出かねない*78」と述べ、「国際石油資本がイランとインドネシアからの石油を安定して日本に供給してくれる方法を考えて欲しい*79」と先に切り出した。さらに中曽根は、「欧州諸国がＮＡＴＯ（北大西洋条約機構）を支持しながらも自分たちの利益を求めているのと同じ、日米安保の維持を望む日本としても同様のアラブからの圧力を抱えている」と説明し、続いて「（日本の窮状が続いて）野党が優勢になれば日米安保に影響が出かねない」と発言した。米国にとって、日本との同盟は太平洋地域における冷戦戦略の要であるため、日米安保を否定する日本社会党の台頭は米国の望むところではなかった。以上のように、弱者の恫喝とも言える強い態度で中曽根は交渉に臨んだ。

このように中曽根が一歩も引くことのない姿勢で望んだこの会談でも、アラブの要求と米国の要求の間で生じるジレンマを解消できる合意は成立しなかった。しかし、中曽根は、日米両国の意見の相違を緩和させる方法として、日米協力関係の領域を拡大することが肝心であるとの認識に立って会談を進めた。キッシンジャーと中曽根は、日米協力関係を構築する領域として、中東和平が実現した後にアラブ諸国と西側諸国の連携を進めるために日米両国が協力しあうこと、及び、石油に替わるエネルギー資源の研究開発へ向けて協力することについて協議した*80。

中曽根通産相は、日本の置かれている立場に理解を示さなかったキッシンジャー国務長官との会談を振り返り、「米国中心の対アラブ対決戦略を唱えるキッシンジャー長官と対峙したまま終わったこの会談は、非常に重苦しいものであった*81」と述懐した。

キッシンジャー国務長官と四閣僚との会談では、日米双方とも自国の主張を繰り返すのみで妥協点を見出すことは難しかった。しかし、この一連の会談で明らかになったことがある。それは、愛知蔵相との会談で、キッシンジャーが「(イスラエルを名指しで非難した)欧州のとった行動までならば理解できるが、それを越えた行動は危険を呈することになる」と発言したことであった。この発言から、日本政府は欧州と同様にイスラエルを名指しで非難する声明を発表したとしても、米国は許容すると認識したと推論することができる。実際これ以後、日本政府は親アラブの立場をどのように表明するかの検討に際して、イスラエルを名指しで非難することは当然のこととして議論を進めていく。

キッシンジャー国務長官は、会談を終えた翌一六日朝、韓国に向かった。メディアは、「日本政府はキッシンジャーの要望の前に中東政策に苦慮している*82」と報道した。実際、苦慮したし意見の相違はあったが、大平外相が「外交においては、合意成立にこぎつけられないことがあっても、それぞれの当事者が互いの立場に理解を持つことが肝心である。理解と信頼を深めることは、実は実際の合意成立と同じ程度に重要である。とりわけ日米間では最高度の重要事である」と語ったと同様に、キッシンジャー国務長官も日米関係の重要性を認識していた＊83。

米国の反応を懸念していた日本政府は、緊急事態において譲歩する態度はとらないものの、日米間の良好な関係を維持することを原則として交渉に臨んだ。それにより、日米関係を大きく損ねる事態を回避することはできた。しかし、「イスラエルとの断交声明」を要求するアラブ側と、「イスラエルとの断交声明」という文言は使用することができないことを示唆した米国の要求との狭間に置かれた日本政府は、そのジレンマに苦しむことになった。

他方キッシンジャー国務長官は、従来とは異なる日本の閣僚の態度によって、次第に自らの考えを変化させ日本の窮状に理解を示すようになるのである＊84。

（4）親アラブ政策への傾斜

キッシンジャー国務長官の訪日が終了すると、より強いアラブ寄りの政策を公表すべきと日本政府に要求する記事が新聞に大きく掲載されるようになった。こうした世論の圧力は、日本政府が明確なアラブ支持の発表に向かうことを決断する重要な要素であった。歴代の首相が経験したことのない石油問題に向き合うことになった田中首相は、財界主要メンバーから直接要求を受けたこともあり、次第にアラブ支持の方向へ進むことになった＊85。難題は、米国の課した条件が厳しいことであった。そこで日本政府は、日本の窮状を再度米国に訴え、米国の課した条件の緩和を要請し、日本政府のイスラエル非難声明発表に対する了解を取りつけようと試みた。

キッシンジャーが日本を離れた当日、インガソル駐日大使が帰国するために田中首相を訪問した際の会談内容を、東京にある米国大使館は米国務省に打電した。田中が親アラブの立場を表明せざるを得ない日本の状況について米国の了解を求めた会談の報告内容は次のとおりである*86。

田中首相は、日本政府が受けているサウジアラビアからの圧力について説明した。ジェッダにある日本大使館からの電報によれば、日本政府は、イスラエルの即時全占領地域からの撤退及びパレスチナ人民の正当な権利を要求した声明を発表することを求められている。

サウジアラビア政府は、「もしこれをイスラエルが守らないならば、日本政府はイスラエルとの関係を再検討し、国交を断絶するであろう」という内容を日本政府の声明の中に入れることを要求している。フランスや英国が示したラインで発表するように、そして、もし日本がこのような声明を発表しないならば、アラブ諸国は、日本がアラブの立場を理解していないと考え、たとえ中東に平和的解決がなされようとも、日本は非友好国と見做され続けるであろう。さらにこのような声明が発表されないのならば、中東からの日本向け石油供給はさらに一月には二〇%から四〇%に削減されるであろう。一方、もし日本がこのような声明を発表すれば、現在の規制は緩和されるであろう。

インガソル大使が「どんな規制緩和が保証されるのか」と尋ねたところ、田中首相は「保証はない」と返答した*87。

田中首相は、会談において日本が耐えているアラブの圧力に対して米国の理解を求めていることを米国政府に伝えて欲しいと、インガソル大使に要請した。そして、安川駐米大使とキッシンジャー国務長官との話合いの場がもたれるよう希望していることも付け加えた。

一一月一七日、外務省でも、一一月一九日に安川駐米大使とキッシンジャー国務長官の会談が執り行われるよう、ハメル国務次官補代理を通じてキッシンジャーに新たな要請を行った*88。同日、東アジア担当の米国務次官補に転出するために日本を離れるインガソル駐日大使の離任会見が行われた。その会見で、インガソルは、「中東政策で日本は自ら必要とする道を歩むべきで、米国もそれを尊重する」と発言し、中東和平に関する一九六七年の国連安保理決議二四二号について、「日米はこのような問題に対し、同じようなコースをとってきており、将来とも相互の協議を続け緊密な関係を保っていきたい*89」と語った。最後に、日本政府が日米協調の枠を越えないように期待することを付け加えたのであった。このインガソルの発言は、米国側の日本に対する方針が多少緩和されたとのニュアンスが感じとれるものであったが、日本政府は、この発言後も親アラブ政策をどのような形で発表するか、米国の意向に配慮しながら検討を続けた。

このように日本政府は、米国から日本の中東政策に対する理解を得ようと試みる一方で、アラブ産油国に特使派遣の考えがあることを二階堂官房長官が明らかにした。三木武夫環境庁長官も、アラブ諸国に対する外交政策の修正を唱えた。野党も、それまでのアラブ寄りといっても気乗りしないジェスチャーのような声明は効果的でないと酷評した*90。経済同友会代表幹事の木川田一隆は、一一月六日の官房長官談話だけでは生ぬるいと政府の対応の甘さを非難した*91。中曽根通産相は、『日本経済新聞』のインタビューで、「石油問題の根本解決を図るため、中東問題についてのアラブの政治原則を支持し、認識し、決断する時期に来ている」と語った*92。このように多くのオピニオンリーダーは、親アラブの立場の表明を日本政府に求めたのであった。

通産省のなかでも、中曽根通産相は、国内のパニック状況を鎮めるために、石油確保のための外交政策と石油需要を抑えるための緊急政策に関する統一見解を作成することに全力を注いだ。そのような状況のなか、日本の外交政策に大きな影響を与えるアラブ諸国の決定があった。

一一月一八日、OAPEC加盟一〇カ国は、オーストリアのウィーンで石油相会議を開き、ECが一一月六日に採択した「アラブ寄り」の共同宣言を評価して、一二月の五%加重分の石油供給削減の措置を、イスラエル寄りの立場をとるオランダ以外のEC諸国には適用しないと発表した。そして、日本を名指し、五%の削減を適用することを発表したのである*93。その結果、日本国内では、一二月には日本の石油確保は一段と厳しくなるものと予測され、「日本政府は、なぜECのような声明を発表できないのか」、あるいは「石油に脆弱な日本経済に対応できる外交を日本政府に求める」といった記事が大きく新聞に掲載されるようになった*94。

このように、一一月一八日のアラブ諸国の発表は日本に大きな衝撃を与えた。だが、この時点で日本政府が行ったことといえば、アラブ諸国へ特使を派遣する意向を公表することだけであった*95。そして外務省は、より明確な親アラブの声明をどのような表現で行うかに関して緊急の決断を迫られることになったのである。

(5) 密使からの報告

密使の森本から報告があった*96。それによれば、カマル・アドハム（サウジアラビア国王政治顧問、国王直結の外交関係総括室長）と面談して得られた日本が英仏並みの友好国となるための最低条件は、次のとおりである。

マスメディアを通して内外に、①武力による領土獲得の否認、②イスラエルの一九六七年占領地域からの撤退、③各国の主権独立等の尊重、④パレスチナ人の正当な権利の尊重、⑤イスラエルがこれら①から④の項目に従わなければ、日本は「イスラエルとの立場を再検討する」という内容を発表することであった。

しかし、この声明文の発表をもって日本が「友好国」になれるわけではなく、これは「友好国」となるための第一歩であり、日本が以上の内容の声明を発表した後に、次のステップを改めて知らせる、というのがカマル・アドハムの説明であった。

サウジアラビアにおける「友好国」・「非友好国」の処遇の決定は、アドハム顧問によって行われており、実際に石油省や外務省も同顧問の指示の下に動いていたことから、この情報は貴重なものとなった。

高杉幹二駐サウジアラビア大使を通して外務省に報告された田村の報告書も、サウジアラビアの日本に対する態度は極めて厳しいとするものであった＊97。田村は、ファイサル国王に拝謁し、石油供給に特別の配慮を懇請したところ、ファラオン外交顧問及びサウド（王子）石油省次官との会談が実現した。その会談で田村が指摘を受けたことは、次のとおりであった。

①日本が国連安保理決議二四二号を支持していることを唱えても、それはアラブ支持としての効果はなさない。中東紛争に関して、国連はこれまで実効があったわけでもなく、国連決議を引用しない支持が必要である。

②一九六七年以前の状態になるようイスラエルに撤退することを要求し（「即時」という言葉はなくてもよいが）、パレスチナ難民の正当な権利の回復を求める。

③もしイスラエルが上記の点を履行しないならば、日本政府は将来同国との関係を再検討するであろうと発表する。

田村は、「イスラエルとの関係を再検討する（reconsider relations with Israel）」という表現に難色を示し、代案として「日本はパレスチナ問題に関しアラブの立場を支持する」という表現を提案した。それに対して、サウド次官は、その声明案でも可能だと述べ、「日本がこれ以上立場を明確にしないのなら、中東戦争が米国の仲介で解決に向かうことになっても、アラブ世界では、日本は何もしてくれない非友好国としての印象を強く残すものである。アラブ諸国は外相会議、首脳会議を通して日本にますますアラブ寄りの態度の表明を求めていく」と警告した、と報告した。

水野の報告も同様であった*98。水野は、ファイサル国王、サウド石油省次官、ナーゼル企画庁長官、ファハド副首相及び国際石油資本首脳部との会談の模様を外務省へ報告した。サウド次官が提示した内容は、もし日本が現在と同様の態度をとり続ければ、日本の持つ石油利権にも影響が出てくると示唆し、日本が友好国扱いを受けたいのなら、他の諸国と同じようなことを繰り返しても全く無意味であり、何か新しいことをすべきであるとするものであった。

水野は、アラブ外相会議及び首脳会議にアラブ要人らが出発する前、具体的には一一月二二日頃までに、ドラマティックな形で全面撤退は勿論、イスラエルとの関係の再考慮を含む声明を発表することが友好国としての承認を得るための日本に残された唯一のチャンスであると考えた。もし友好国として承認されなければ、経済的理由に基づく生産制限が継続される可能性も考えられるので、長期にわたり日本は計り知れない打撃を受けようと報告したのである。

（6）声明案文作成

声明案文の作成は、すでに密使森本が報告を行った一一月一二日以降、外務省の山本中近東課長を中心に始められていた＊99。声明案文の作成上問題となる主な個所は、安保理決議のなかの英文と仏文の訳で、「占領地」か「全占領地」かの解釈が異なっていた部分に関して＊100、敢えて「全占領地」からの撤退と明記するか否か、及びイスラエルが要求に従わない場合にどのような表現でイスラエルを非難するかであった。

「全面撤退」と「再検討」の文言が記載された声明案は、一一月一四日のキッシンジャー・大平会談を受けて、翌一五日に行われた外務省中近東課と米国務省のスタッフとの会議で、却下されてしまっていた。しかし、一一月一八日、アラブ諸国から日本に対する厳しい削減予告があったことから、一一月一九日には、再び外務省内でその二つの項目を取り入れることが検討されたのである。そして、最終的な声明案文に、この二つの項目が入れられることになる。その間の協議の経緯は次のとおりである。

一一月一六日、外務省内で、法眼事務次官、田中・中近東アフリカ局長らは、密使の役目を果たして前日帰国した田村から、直接改めて報告を受けた。田村の報告は、高杉駐サウジアラビア大使を通して報告された前述の内容に沿ったものであり、「イスラエルが侵略をやめず、全面的に撤退せず、パレスチナ人民の合法的権利を拒む場合は、日本はイスラエルとの関係を再検討するであろうと表明すれば日本を友好国として待遇するが、パレスチナ問題に関するアラブの正当な立場を全面的に支持するという内容だけであるならば、国王にその裁可を求める必要がある。日本がこれ以上アラブ支持の立場を表明しないならば、アラブ諸国は、大切な時には日本は何もしなかったとして日本を非友好国として見做す」とする内容であった。

この報告も、日本が現状の立場をとり続けることが難しいことを再確認させるものであった＊101。特に田村が大使経験者であることから、田村の情報は外交政策に大きな影響を与えた。法眼事務次官は、田村と協議し、「イスラエルに対する関係の再検討」が「外交関係の断絶」の意味に直接結びやすい外交用語であることから、「関係」を「政策」に入れ替えた柔軟な表現にして声明案文を作成することを検討し始めた*102。

田村の報告後、外務省は、アラブ諸国との関係を積極的に改善する方針を決め、一九七四年度の予算には、アラブ諸国への経済援助拡大の方針を入れることを発表した*103。しかし、日本の外交努力だけで危機が解決されるわけではなく、日本が友好国と見做されたとしても供給危機はこれからも続くかもしれなかった。そのような厳しい予見を持ちながら、より明確なアラブ支持の必要性を求める声が国内で高まるにつれ、大平外相は、政府の方針としてアラブ支持で進むのならば、事前に米国の理解を求めなければならないと考えた*104。大平が最も配慮したのは、米国からもアラブ諸国からも敵意を持たれるような行動は慎まなければならないということであった。

田中首相も、中東問題で米国との緊張が高まっていることから、これから起ころうとする問題にうまく対処するためにも、米国との密接な関係を維持することに最善を尽くすよう外務省に指示した*105。

アラブ諸国が日本に対して厳しい措置を発動した翌日の一一月一九日、サウジアラビア・クウェート両政府首脳と会談してきた密使の水野は、経団連の主要人物と会った後、田中首相を官邸に訪ねた。水野は、「二四日のアラブ諸国外相会議までに日本政府がイスラエルとの外交政策を変えない限り、アラブ側から敵国として位置づけられる」と報告した。「敵か味方」の識別しかしないサウジアラビアは、日本政府がこのままでいれば、削減どころか日本の原油輸入そのものも危うくさせてしまう可能性があると指摘した水野は、田中に強い親アラブ政策の声明を発表するよう促した*106。同日、植村経団連会長、木川田経済同友会代表幹事ら、財界主要人物も積極的な資源外交の促進を日本政府に求めた*107。それに追い打ちをかけるように、ウィーン本部で行われたＯＰＥＣの会議終了後、ヤマニ石油相はこの会議の代表として、「日本がアラブ産油国からの石油供給制限の適用を除外してもらいたければ、イスラエルと断交せねばならない＊108」と述べたとの情報がウィーンの日本大使館から入った。

このように日本に対する厳しい条件がアラブ側から次々と発せられるなかで、同一九日、外務省内では、山本中近東課長が米国から拒否された「再検討声明」を再び蘇らせようと動き出した。そしてこの問題を検討するために、法眼事務次官、田中・中近東アフリカ局長、中村参事官、大河原アメリカ局長、宮崎弘道経済局長による最終検討会議が開かれた。「全面撤退」を声明文に入れることに関しては全員意見の一致を見るものの、「再検討」に関しては意見が分かれ、多数決により決定することとなった。

宮崎経済局長は、石油確保と世論の批判を鎮静することを優先とし、「再検討」に賛成した。大河原アメリカ局長も、米国側は「全面撤退」・「再検討」の両方に反対しているので、「全面撤退」を入れるならば「再検討」を入れても同じことであるとして、「再検討」に賛成の立場をとった。田中局長は、石油確保のために断交をにおわすような声明文には反対する立場をとった。中村参事官も「再検討」には反対であった。こうして意見は大きく分かれたが、法眼事務次官による最終的な判断によって、「再検討」の文言を入れることが決定した＊109。

その夜、法眼事務次官と田中局長は羽田に向かい、四国から戻ってきた大平外相にその声明案の了解を求めた。しかしこの時、大平は大きく躊躇した。なぜならば、大平は「再検討」の文言が含まれる声明文が米国との関係に悪影響を与えるのではないかと懸念していたのである。そのため大平は、「中東紛争に関する日本政府の新しい表明」に関して、米国の了解を求める指示を出した＊110。

（7）安川・キッシンジャー会談

現地時間一九七三年一一月一九日、安川駐米大使は、キッシンジャー国務長官と会談を行った*[111]。同席者は、村田良平政務参事官、駐日大使を離任し米国に戻ったばかりのインガソル、エリクソン(Richard A. Ericson, Jr.) 極東局日本課長らであった。

対米関係を基軸とする日本が外交政策を形成するにあたって、その政策が日米関係にどのような影響を及ぼすかを検討することは、重要な課題である。そのため、会談の冒頭において安川大使は、日本が新しい親アラブ政策を発表することによって、「原則の宣言（キッシンジャー構想）」に欧米だけでなく日本を含めるとする米国の政策に影響がでるか否かを尋ねたのである。この発言からも日本政府がいかに「キッシンジャー構想」への参加を希求していたかがわかる。この日本側の質問に対して、キッシンジャー国務長官は、「影響はない」と回答した。米国から「キッシンジャー構想」に日本を含める政策に影響しないとの確約を得たことは、日本にとって大きな意味を持っていた。「キッシンジャー構想」の実現という日米共通の目的が維持されることは、日米間の良好な関係を保証するものだったからである。

続いて安川大使は、日本の弱点を逆手にとって交渉を進めた。安川は、「欧州経済共同体（ＥＥＣ）の代表が日米欧ではなく日欧の声明を出そうと打診してきているが、日本政府はこのＥＥＣの提案について『キッシンジャー長官と話し合って、米国側の考えを先に求めたい』と伝えた」と述べたのである*[112]。この発言は日本が出せる強いカードであった。米国は、日本が西側諸国の一員として欧州から認めてもらいたいとの願望を持っていることを承知していた。それゆえ、米国は日本に対して、日本を「キッシンジャー構想」に加えることを欧州に説得できるのは唯一米国しかいないと示すことで、交渉上有利に立つことができると考えていた。日本に対して強いカードを有していたのである。その日本が米国抜きで日欧の共同声明を出すことができれば、米国の重要性が低下することを意味する。ましてや米国は、石油安定供給のためにも日米欧の多国間協調を目指していたのである。安川は、日欧間の直接的な関係をほのめかしながら、まず米国の意向を聞くことが先決という日本の米国に対する誠実さを見せつけたのである。それに対して、キッシンジャー国務長官は納得の意を示した*113。

しかし、米国が快く了解するはずはないと予測される声明案文を、キッシンジャー国務長官に手交わす際の安川大使の緊張した表情は、周りの者にも明らかであった*114。その時、キッシンジャーは、「タイムやニューヨーク・タイムズ等の雑誌で、『日本が直面している経済危機に関心がない』とキッシンジャーが述べたと書かれたことに迷惑している」と述べ、「真意は全く反対で、日本が直面している経済危機を十分に理解しているということを日本で述べたのだ」と語った*115。それに対して、安川は直接返答せず、日本の窮状とそれに対処する日本政府の方針を具体的に訴え、日本政府が行おうとする政策の正当性を強調した。そこで、石油供給削減への対策として確かな手段をとる日本政府の方針を次のように語った*116。

日本政府は石油規制の立法を作る予定であるが、たとえこの規制が施行されても、経済状況は石油不足が続く限り改善されないであろう。あらゆる物の値段が上がりインフレーションが深刻になり、このままでは失業問題も起こり、社会的・政治的問題に発展するであろう。このままでは、日本の基本的政治構造が致命的なものになる可能性がある。

中東和平への国務長官の努力を認めながらもその難しさを感じ、日本としては、アラブの要求を一〇〇％満たすことはできないかもしれないが、何かをしなくてはならない。国務長官の努力に反することは最小限に留めながら、いかにしてアラブの要求に近づけることができるかが問題である。

日本はこの声明をできるだけ早く出したい。一一月二四日にアルジェリアで開かれるアラブ外相会議と、二六日に開かれるアラブ首脳会議の前に声明を出したい。時間が経てば経つほど、アラブの要求は厳しくなっていく。早ければ早いほどよい。

このように語りながら、安川大使は、日本が予定している声明案文の原稿をキッシンジャー国務長官に手渡した。続いて安川は、「今回、日本政府は国務長官の同意を求めない*117」と語った。

米国の同意を求めないと発言することは、日本政府にとって今までにない大きな決断であった。実際、キッシンジャー国務長官は安川の発言に対して怒りを露わにした*118。しかし、ただそれだけであった。キッシンジャーは、すぐに最初のテーマに戻り、「日本の経済的事情に関心がないと冷血に語ったとされた記事が捻じ曲げられたものである」と説明し、「真意は、日本の政治的判断を妨げることはしないことだ」と再び語った。キッシンジャーは、「我々は日本の立場をよく理解している。しかし、日本が選択する方針は短期的にはアラブと宥和するかもしれないが、長期的には彼らとの違いにいらだつことになるであろう*119」と厳しい口調で語った。他方安川大使は、アラブ・イスラエル問題に対する米国と日本の基本的立場には違いがあることを強調し、「日本政府は『予め日本の意向を米国に伝えた』ということをアラブに知らせる意向はない」と、米国への配慮を示した。こうして会談は終了した。

キッシンジャー国務長官が、日本政府が明確なアラブ支持の声明を発表しても「キッシンジャー構想」の下での日米関係に悪影響を及ぼさないと安川大使に確約したことは、日本にとって重要なものであった。なぜなら、日本が親アラブの立場をとった表明を発表しても、日米関係の維持が保証されたからである。

大平外相は、キッシンジャー国務長官との会談で日本の新中東政策の発表に対する米国の了承をとることを命じていたにも拘らず、安川大使は、法眼事務次官の指示に従い、日本が声明発表を行うことを通告し、声明発表に対する米国の了承を得ることなく会談を終えた*120。「米国の同意を求めない」と語った安川に対して、キッシンジャー国務長官は怒りを露わにしたが、キッシンジャーは、日本が行おうとしている決断が米国に対して不本意なものであることを、すでに彼の訪日中に行われた日本の閣僚との会談を通して理解していた*121。キッシンジャーは、アラブの戦略が長期化すれば米国に追随するだけでは危険を招くかもしれない日本の立場と、それを回避するための手段について米国の同意が得られない場合は、摩擦を最小限に抑え、決して米国の中東政策を批判しないという日本の指導者の方針を汲み取っていた*122。要するに、親アラブの立場をとる日本の新中東政策の発表は、対米関係を最重要視している日本政府の苦渋の決断であると、キッシンジャーは理解していたのである。

さらに米国は、西側陣営内部の動揺をアラブ諸国に悟られないように、日本が新中東政策を発表しても、それによって日米関係に悪影響が及ばないことを示さなければならないと考えた*123。その意向は、日本の新中東政策発表後の米国務省の談話のなかに反映されることになる。

3　新中東政策発表へ―危機解消に向けて

（1）新中東政策発表へ

米国への通告後、一一月二〇日の閣議では、声明発表の決定はしたものの、イスラエルをどの程度非難するかで再び議論となった。

その夜、密使の務めを終えた水野は、サウジアラビアの要人と協議して作成した声明案文を持って、中曽根通産相の私邸を訪ねた。サウジアラビアと協議して得た感触として次の事項が中曽根に報告された。①対イスラエル武器援助の早期停止の米国への働きかけ、②日本の立場はEC並みの立場であること、③OAPEC諸国は米国他一部工業国から食糧、工業製品の供給拒否という報復措置を受けるのではないかと危惧していること、④石油の最終仕向地証明を義務づけても、なお横流しが行われるため、今後、オランダ、米国への禁輸措置をさらに厳しくすること等である*124。

中曽根通産相は、国内のパニック状態から抜け出すことが先決であると考え、田中首相に電話をかけて文案を手直しして採択するよう要請した。それに対して田中は、大平外相の説得を中曽根に要請した。中曽根からの電話を受けて、大平は「検討する」と答えた*125。翌日、中曽根は、大平の検討を付すために声明案文を外務省に回した。

一一月二一日の衆議院商工委員会でも、中曽根通産相は、従来よりもアラブ寄りの姿勢を鮮明に打ち出す必要があることを次のように強調した。

日本の外交の相手と申しますが、重点を置いたのは、対米、対ソ、対中国、対ヨーロッパ、それから対発展途上国というような区分けがいろいろあったと思いますけれども、私は日本の国家の存立の基礎を考えてみまして、対米、対ソ、対中国、対ヨーロッパに劣らずに対アラブという問題があると前から確信しておったところであります。

それは、資源的な問題もございますし、また、アラブに集まる膨大なオイルダラーの処理の問題が必ず登場してまいりますし、また、アジア人として発展途上にあるアラブと友好提携してお互いに相互補完の道をたどっていくということは、日本のある意味における使命でもあるとも考えておるわけであります。

したがいまして、中東外交の比重を思い切って上げて、米国やソ連や欧州並みに格上げもするし、外務省の機構や人員の配置も変えるし、そういった必要性があると、考えております。

そして、いずれ将来適当な時に、なるたけ早い時期に、総理大臣に歴訪してもらう必要があると思いまして、私は推進してみたいと思います＊126。

中曽根通産相が国会で石油対策と経済安定のための緊急二法案の答弁に追われている間隙を縫って、鹿取泰衛外務省官房長が、中曽根の渡した声明案に対する外務省修正案をもって打診しに来た。国連主義の路線を原則としながらアラブ側を満足させる表現を付加するには、「再検討」を加える必要はなく、「全面撤退」の文言だけでいいというのが外務省修正案の内容であった。これに対して、それではサウジアラビア側の不満を鎮めることはできないと考えた中曽根は、三度目の修正案を持って来た鹿取に対して、「もし外務省案を明日の閣議に持ち出せば、私はみんなの前で破ってやると外相に伝えろ＊127」と言って追い返した。安川大使がキッシンジャー長官に伝えた最終案には「再検討」の文言が入っていたにも拘らず、この時点では、声明案には「再検討」の文言が含まれていなかった。まさに、外務省案は最後までイスラエル政策の大幅な変更に躊躇していた内容であった。

最終的な段階で、財界資源派や中曽根通産相からの要望を受けていた田中首相は、「もし中東情勢に変化がないのなら、日本はイスラエル政策を再検討せざるを得ないという強い警告を含んだ声明にするべきである」と大平外相に指示した＊128。

こうして、一一月二二日の午前中の閣議で「再検討」の文言を含む声明案文が了承された。田中首相と中曽根通産相はすぐに了承し、その後、大平外相も声明発表に同意した。この段階で、米国に対して日本政府の意思を伝える運びとなった。

東郷外務審議官は、「最終的に発表する声明文は、安川大使がキッシンジャー国務長官に示した内容と少し変更があるが大きな違いはない」と、米国に説明した*129。その違いとは、Total withdrawal of Israeli forces from territories から Withdrawal of Israeli forces from all the territories であった（傍点筆者）。

東郷外務審議官の報告を受けた米国は、覇権国としての立場を重要視して対応する方針を固めた。米国は、日本政府が声明を発表した時に、あえて米国からその声明に対してコメントをすることはしないが、この件に関する質問が行われた際には、日本と米国の立場は異なるが、これが日米同盟に影響を与えるものではないことをアラブ諸国に印象づけるようなコメントを発表することを決定したのである*130。

このような経緯を経て、一九七三年一一月二二日、「中東問題に関する二階堂官房長官談話」として政府の新しい見解が発表された。内容は次のとおりである*131。

1．わが国政府は、安保理決議二四二の早急かつ全面的実施による中東における公正かつ永続的平和の確立を常に希求し、関係各国及び当事者の努力を要請し続け、また、いち早くパレスチナ人の自決権に関する国連総会を支持してきた。

2．わが国政府は中東紛争解決のために次の諸原則を守られなければならないと考える。

（1）武力による領土の獲得及び占領の許されざること。

（2）一九六七年戦争の全占領地からのイスラエル兵力の撤退が行われること。

（3）域内のすべての国の領土の保全と安全が尊重されなければならず、この保障措置がとられるべきこと。

（4）中東における公正かつ永続的平和実現に当ってパレスチナ人の国連に基づく正当な権利が承認され尊重されること。

3．わが国はこれらの諸原則に従って、公正かつ永続的和平のためにあらゆる可能な努力が傾けられるよう要望する。

わが国政府としてももとよりできる限りの参与を行う所存である。

わが国政府はイスラエルによるアラブ領土の占領継続を遺憾とし、イスラエルがこれらの諸原則に従うことを要望する。

わが国政府としては、引続き中東情勢を重大な関心をもって見守るとともに今後の諸情勢の推移のいかんによっては、イスラエルに対する政策を再検討せざるを得ないであろう。（傍点筆者）

一九七三年一一月二二日に日本政府が「中東問題に関する二階堂官房長官談話」として発表した新たな中東政策の主な特徴は、次の三点であった。

①同決議は、英文では「占領地（from territories occupied）」、仏文では「全占領地（des territoires occupés）となっており、解釈上の争点となっていたが、敢えて、「全占領地（from all the territories occcupied）からの撤退」と明記したこと。

②イスラエルによるアラブ領土の占領継続に関して、国連安保理決議二四二号でも使われていない「遺憾とする（deplore）」という表現を用いたこと。

③イスラエルに対する「政策の再検討」（reconsider its policy with Israel）の可能性を示唆したこと。

声明文は、「イスラエルとの断交」を記載することはしないものの、その意味合いを含むとも含まないとも両方の解釈ができる表現が用いられた。また、それと同時に「イスラエルとの外交関係の断絶」と同じ意味に解釈できる「イスラエルとの外交関係の再検討（reconsider relations with Israel）」の文言を「イスラエルとの政策の再検討（reconsider its policy with Israel）」という表現に変更したことにより、米国の禁じた「イスラエルとの断交」を意味する表現を挿入することも避けたのであった。この日本の新たな親アラブ政策の方針を表明した声明は、イスラエルとの関係を再検討せざるを得ないかもしれないことを示唆する意味合いを含んではいたものの、明確な外交関係の断絶を意味するとは解釈できないものであった。もし、イスラエルが撤退しない場合、どのような方法をとるのかについては記載されていなかった。日本政府は、アラブ側の要求を満たすものと同時に、米国の最終的な要求に反することのない声明文を作ったのである。（資料①、資料②参照）

こうして、日本は新たな中東政策を発表するにあたり、二者択一ではなく、繊細でバランスの取れた表現を用いることでアラブ諸国と米国からの重大な反発を避けることができたのである。

そもそも日本は、イスラエルが占領地域から撤退することを決めた国連安保理決議に米国とともに賛成票を投じていた。それまでイスラエルを名指しで非難しなかったことから考えれば、日本の声明は政策転換と捉えられるが、イスラエルの撤退を要求する国連安保理決議二四二号を支持してきたという事実に注目すれば、法眼外務事務次官が主張したように、日本の新中東政策は、従来のアラブ支持政策を転換したわけではないとも解釈できた*132。

声明発表に至る最後の段階で、財界資源派や中曽根通産相から要請を受けた田中首相が、躊躇する大平外相に決断を促す形となった。そして、キッシンジャー国務長官が「イスラエルとの断交」は米国との関係に影響を与えるだろうと警告していたことを踏まえて、「断交する」という表現は用いられることはなかった。そのため、米国との関係に重点を置く大平外相は、声明発表後に、「日米関係に致命的な悪影響はない」と語ることができたと推論される*133。

石油の安定的な供給を確保するために発表された日本の新中東政策は、日米関係を第一とする日本政府が、米国の課した条件を守り、「キッシンジャー構想」に基づく日米欧の枠組みから日本が排除されないことを確認した上で発表されたのである。

（2）発表後の状況

日本政府は、この新中東政策発表後すぐに、この政策によって日米関係に致命的な影響が及ぶわけではないと国民に説明した*134。しかし、そうは言いながらも日本政府は、米国の反応に気を配った。欧州諸国は、米国との間で中東政策をめぐる対立が生じようとも同盟関係に大きな支障は生じないと確信し、米国との軋轢を過剰に懸念することはなかった*135。しかし、日本政府は、新中東政策の発表後、「キッシンジャー構想」への日本の参加が排除されないとの見通しが立っていたにも拘らず、米国の反応を強く懸念していたのである。

だが、日本の立場を理解していた米国の反応は、日本が懸念していたほど否定的ではなかった。キッシンジャー国務長官が「イスラエルとの断交」は米国との関係に影響を与えるだろうと警告していたが、この声明には断交を明確に意味する文言は使われていなかった。この日本の親アラブ政策は、米国の望むところではなかったが、米国の容認する枠を越えるものではなかった。実際に、米国務省は日本の声明に対して快くは思わなかったが、日本にひとまず同情の意を表した。日本時間の一一月二四日午前二時、米国務省のスポークスマンによる表明は、「我々はアラブ産油国よりの石油供給削減の動きに瀕して日本が直面している困難な事態につき大いに同情しているが、日米両国がともに目的としている安全保障理事会決議第二四二号に基づく解決をさらに困難にするようなこの種の声明を日本政府が発表する必要性を認めたことは遺憾である*136」というものであった。しかし、この「日本が直面している困難な事態につき大いに同情している」と日本の立場に配慮した内容にするよう指示したのは、日本の閣僚との会談で日本の窮状を理解していたキッシンジャー国務長官であった*137。

アラブ社会では、一九七三年一一月二二日に発表された日本の新中東政策は評価された。特に、声明の中の「再検討（reconsider）」の表現が高く評価され、日本がイスラエルを非難しアラブ支持を明確に表現したものとして受け止められた。「経済大国の日本が再検討するという言葉で宣言したことは、アラブの立場を全世界に理解させる有利な一歩となった」と、サウジアラビアのヤマニ石油相は述懐している*138。

最終的な判断として日本政府が一九七三年一一月二二日に発表した声明は、アラブと米国双方の要求の間で繊細なバランスのとれた声明であったと言えよう。大平外相は、可能な限り対米協調路線を維持しようとし、中曽根通産相はアラブ寄りの外交方針を打ち出すべきと主張した。田中首相は、親アラブ政策をとるべきという中曽根の主張を支持する形となった。しかし、それと同時に、田中が米国との強い関係を保つために最善を尽くすことを示唆していた事実からも、新中東政策が日米の良好な関係を前提としていることは明確であった。日本政府は、石油確保を目指しながら、米国の容認を得られる外交政策を見出すことができたのである。これは、日本が日米基軸の枠内で米国が容認する親アラブの立場の限界を探ることで、日本の安全に関わる石油確保と日米の良好な関係維持という両政策を同時に図り国益を守ることに努めた結果であった。

外務省は、米国内のプレスの反応や米国社会の動きにも大きな関心を払って、米国の反応を分析した。プレスの反応は総体的にみると、日本経済の窮状が大きく伝えられ、日本の中東政策は「背に腹はかえられぬ」ためにとられた政策であり、やむを得ないとする見解が多かった。日本の中東政策の発表で日米関係が著しく傷つけられたと見做す論調は、ほとんどなかった*139。また米国にある各地の公館は、ユダヤ系米国人のデモ等を警戒したが*140、ニューヨークのジェトロ事務所に石が投げられた被害が一件と*141、一一月二三日に全米ユダヤ人組織会議議長を含む六名が、ユダヤ系米国人の日米貿易に果たしてきた特別な役割を強調し、駐米日本大使館に日本の中東政策に関する再考を要求した程度であった*142。深刻な日本批判を恐れていた日本政府の懸念は杞憂に終わった。

その上、新中東政策に関する日本国内の反応は、全体的に肯定的だったのである。密使の役目を果たした田村や水野をはじめ、財界人らはこの声明を称賛し、アラブ諸国にこれで好意をもって見られるであろうと予測した。植村経団連会長は、この政策は当然のステップであるとし、一層強力な資源外交を要求した*143。

一一月二八日に閉幕したアラブ首脳会議において、リアド・アラブ連盟事務総長は、一二月向けの五%供給削減から日本を免除することを発表した*144。日本政府は、これを日本の新中東政策が有効に機能している証拠と捉え、さらに中東外交を促進する意向を固めた*145。しかし中東外交は、米国に配慮しながら慎重に行わなければならなかった*146。親アラブの立場をとる外交政策に政治的な限界があることは明らかであり、日本政府にとっての有効な外交手段は経済力、具体的には日本の経済・技術援助を提供することであった。

一一月二八日のアラブ首脳会議は、日本向けの一二月分の石油供給の削減を緩和する一方で、新たにローデシア、南アフリカ、ポルトガルに対して石油戦略を発動し、石油禁輸の実施を決定していた＊147。このように、アラブ諸国の石油戦略が予断を許さない状況であることに鑑みれば、一二月分の削減免除という暫定的な緩和措置だけでは、日本国内の不安は解消されるものではなかった。そのため日本政府は、いち早くアラブ諸国の友好国として認定され石油入手を確実なものとすることを期待し、一一月二二日に発表した新中東政策の内容に沿った日本の方針を具体的な行動で示し、アラブ諸国の対日理解を深めることを喫緊の課題とした。

この喫緊の課題は、即日一一月二八日に実行に移された。日本政府は、副総理でもある三木武夫環境庁長官を特使として一二月に中東諸国に派遣することを決定したのである＊148。この決定を受けるにあたり、三木はアラブ外交の基本を政府内で確定することを条件として内諾した＊149。そして日本政府は、三木の中東訪問の計画を素早く実行に移すために、一二月一日、イラン訪問中の東郷外務審議官をベイルートに急遽派遣し、中近東大使会議を緊急に開催させた。この会議で、三木の中東諸国への訪問に関する具体的な計画が話し合われ＊150、会談終了後、各大使は、それぞれの赴任先における首脳要人と三木の会談設定等の調整に着手した＊151。その結果一二月六日、日本政府は三木の中東訪問に関する閣僚懇談会を開催し、翌七日、訪問にあたっての基本姿勢並びに訪問日程の最終決定を行ったのである＊152。

かねてから親アラブの立場を主張する三木は、自らもアラブ諸国の駐日大使に積極的に働きかけた。例えば、一二月四日、アル・グセイン駐日クウェート大使を、翌五日には、アル・ワンダウィ駐日イラク大使、続いてデジャーニ駐日サウジアラビア大使を訪れ、三木の中東諸国訪問の第一の目的は、中東和平に向けた日本の協力及び中東諸国との親善を深化させることだと、自らの口で伝えた＊153。さらに一二月九日、三木は、来日中のハダム・シリア副首相、バチャチ・アブダビ国務相に対して、自身の中東訪問の目的を説明した＊154。このような入念な準備を経て、一二月一〇日、三木は、中東八カ国首脳に対するアラブ支援を保証する田中首相の親書を携行して、アラブ首長国連邦のアブダビ、サウジアラビア、エジプト、クウェート、カタール、シリア、イラン、イラク訪問の旅に出発することになる。

また、日本政府が三木特使の中東訪問を検討していた時期は、米国による中東和平交渉が始まろうとしていた時期と重なっていた。そのため日本政府は、中東外交を展開するに際して、米国の政策に慎重な配慮を行わなければならないと考えた。一二月六日、大河原アメリカ局長は、シュースミス駐米公使を外務省に招き、三木特使を中東に派遣する日本政府の意向を説明し＊155、続いて米国の意向を窺う質問を行った。①和平交渉の段階でイスラエルが一部でも撤退に踏み切れるか、②エルサレムの将来のステイタスについて、③パレスチナ人の正当な権利の尊重について、④安全が保障された境界線等に関する質問であった＊156。この日本側の質問に対する米国からの回答の存在は見当たらないが、米国は、日米両国には中東政策に関する違いがあるが、それによって日米関係が影響を受けることはないという米国の方針を日本に伝えたのであった＊157。米国は、日本政府が経済援助を掲げて中東諸国との関係強化に努める外交を展開しようとも、日米関係に軋轢が生じることはないと日本に保証を与えたのである。こうした米国からの保証を得て、日本政府は中東外交を積極化させることとなる。一二月の三木特使派遣の最中、アラブ諸国からの石油確保の保証が得られると、日本社会の混乱は次第に沈静化に向かうのである。

（3）米国の対応

覇権国としての立場を保持し同盟国の結束を強化することを希求していた米国は、アラブの石油戦略が発動された当初に決定した「アラブの石油戦略に屈しない姿勢を貫き、和平交渉を成立させ、同時に、消費国の結束の下に国際石油市場を安定させる」目的を実現する必要があった*158。そのためにも、米国は、日本の中東外交をめぐって日米間にさらなる軋轢が生じることを避けたかった。

そこで米国は、日本の新たな中東外交を承認することで、日米間の軋轢を解消する必要があると考えた*159。その米国の方針の一端が最初に示されたのが、日本時間一一月二四日、米国務省スポークスマンによる日本の新中東政策に関する声明であった。米国は、日本の声明を快くは思わなかったが、日本に対して同情の意を表わし、日本への配慮を示したのである。そこには、一一月の日本の四閣僚との会談を経て、国益のためには米国の中東政策に反対することも辞さないという日本政府の強い意思を認識したキッシンジャーが*160、日本に対する高圧的な態度を次第に変化させ、日本の窮状に理解を示すようになっていたことが作用していた。キッシンジャーは、「一一月六日、欧州が中東問題で明らかに米国の政策と相反する目標を公然と設定したのに、日本はそれに同調しなかった。しかし、一一月一四日には変化していた。それは米国の戦略に対する変化ではなく、アラブによる石油戦略が長期化するかもしれないとの判断からであった。米国に追随するだけでは危険を招くということであり、いずれ日本が親アラブの意思表明をするにしても米国の方針の重荷にはならない。欧州の同盟諸国のように米国に要求を突き付けてくるわけでもない*161」と感じていたからである。

さらに、米国の日本への配慮が対日政策の修正としてより明確に示されたのが、一九七三年一二月六日に大河原アメリカ局長がシュースミス駐米公使を外務省に招き、三木特使派遣に関する日本政府の方針を説明した直後のことであった*162。前述したように、日米両国には中東政策に関する違いがあるが、それによって日米関係が影響されることはないという米国の方針は、ハメル東アジア・太平洋担当国務次官補代理がキッシンジャーの署名を記した米国の対日政策修正に関する文書を、駐日米国大使館を通じて日本政府に手交わすことによって明確となった＊163。米国は、日本の新たな中東外交を承認することで日米間の軋轢を解消し、多国間協調の枠組み構築のために日本の協力を得ることを意図していた。

註

1　Henry A. Kissinger, *Years of Upheaval,* (Boston: Little Brown & Company, 1982) p.515.

2　値上げの算定基準は、『日本石油百年史』七五〇頁参照。「ＯＰＥＣ湾岸諸国石油大臣会議コミュニケ」『わが外交の近況（下）』（外務省、一九七四年）一七〇～一七一頁。

一〇月一二日ウィーンにおいてとられた決定に従って、閣僚委員会は、一〇月一六日クウェートにおいて会談し、以下決定した。

（1）他のＯＰＥＣ加盟国―ベネズエラ、インドネシア、アルジェリア―の慣行とＯＰＥＣ決議第九〇号に沿って、湾岸原油の公示決定を設定し、発表する。

（2）新公示価格は、他地域における同様に湾岸におけると同様に湾岸における実際の市場価格に基づくものであり、比重差及び地理的位置によって修正される。

（3）本日から新しい公示価格のレベルは実際の市場価格に対応して決定される。この場合テヘラン協定以前の一九七一年に存在した両価格間の関係と同じ関係が維持される。公示価格の修正は、原油の実際の市場価格がここに交付される価格のレベルを一％上下する場合、行われる。

（4）アラビアン・ライトの新公示価格に対する市場価格が一バレル三・六五ドルと設定され、公布される。他の原油価格もそれに従って設定される。この価格は最近の同じ原油の実際の販売価格よりわずか一七％上昇にするにすぎない。結局、全ての原油の公示価格は同じ結果を生むよう引き上げられる。

（5）　各種原油の硫黄プレミアムは、実際の市場傾向に基づいて各加盟国によって個々に決定される。

（6）ジュネーブ協定は効力を有し続けるものとする。

（7）新取極及び価格の発行日は一〇月一六日とする。

（8）これら取極に基づく原油取引を石油会社が拒否した場合、産油国はアラビアン・ライト一バレル三・六五ドルに基づいて計算された価格で各種原油をあらゆるバイヤーに開放する。

3「OAPEC（アラブ石油輸出国機構）石油大臣コミュニケ」『わが外交の近況（下）』（外務省、一九七四年）一七一～一七二頁。

本日、一〇月一七日クウェート市に会したアラブ大臣は、各アラブ産油国が（一九七三年）九月の生産レベルの五%を越えない範囲でその石油生産を直ちに削減することを決定した。このような削減は、前月に生産を基準にして、以後毎月同じ割合で行われ一九六七年六月戦争の間に占領した全アラブの領土からイスラエルが全面撤退し、更にパレスチナ人の合法的権利が回復するまで続けられるであろう。

加盟国は、生産削減がアラブに有効的かつ物質的支援を与え、あるいは将来与えてくれるかもしれない友好国に対しいかなる影響も与えないよう削減以前受けていたと同じ量をこれらの友好国に供給するであろう。同じような例外的措置は、強奪されたアラブ領土の占領を終らせるためイスラエルに対して重大な措置をとる国に対しても与えられるであろう。

アラブ石油大臣は、世界の全人民、特にアメリカ人民に対して、イスラエル帝国主義とその占領に対するアラブ人民の闘いを支持するよう訴えるものであり、また、世界の人民と全面的に協力するというアラブ諸国の真摯なる希望と、世界がわれわれに同情を示し、われわれに対する侵略を非難するならば、全ての犠牲をかえり見ず、必要な石油を世界に供給する用意があることを強調するものである。

4『朝日新聞』（一九七三年一〇月一九日）。

5 同右。

6 同右。

7 同右。

8　同右。
9　同右。
10　*The Guardian*, November 15, 1973, p.4.
11　外務省情報公開第〇一三五八号「一九七三年一〇月一九日　アラブ一〇カ国の駐日大使から大平外務大臣に渡した口上書」。
12　外務省情報公開第〇三四九〇号「日本・サウディアラビア共同声明（和文）」（一九七一年五月二五日）。
13　林昭彦「石油危機との悪戦苦闘記」『経友』第一六八号（東京大学経友会、二〇〇七年六月）七七〜七八頁。
14　石川良孝『オイル外交日記　第一次石油危機の現地報告』（朝日新聞社、一九八三年）六三〜六四頁。
15　**Kissinger, *Years of Upheaval*, p.874.**
16　『朝日新聞』（一九七三年一〇月二二日）。
17　前田仁「経済大国からの凋落」『経済往来』二六巻二号（経済往来社、一九七四年二月）三一頁。
18　『毎日新聞（夕刊）』（一九七三年一〇月二六日）。
19　出典：**Daedulus, p.21, p.286. (Source: BP, Statistical Review of the World Oil Industry 1972).**
20　『朝日新聞（夕刊）』（一九七三年一〇月一三日）。
21　『毎日新聞（夕刊）』（一九七三年一〇月一九日）。コピー用紙制限、古紙回収、過剰包装自粛等の国民的節約運動。
22　柳田邦男『狼がやってきた日』（文藝春秋、一九七九年）一三六〜一三七頁、及び、豊永氏へのインタビューにより（二〇〇七年一二月二一日）確認。しかし、この四分類方式は使われることはなかった。
23　一九七三年一二月一一日の関経連における高坂正尭の講演内容は、高坂正尭「国際政治から見た日本の資源外交」『経済人』二八-二（関西経済連合会、一九七四年二月）六〜一一頁。高坂正尭「この試練の性格について」『中央公論』（一九七四年三月号）。
24　Gerge Lenczowski, "The Oil-Producing Countries, The Oil Crisis : In Perspective," *Daedalus* , Vol.104, No.4,

(the American Academy of Arts and Science, Fall 1975) p.65, 及び、「OAPEC石油大臣会議声明」『わが外交の近況（下）』（外務省、一九七四年）一七二頁。

アラブ石油大臣は、一九七三年一一月四～五日クウェート市において第二回会議を開き、先日行われた決定の履行方法とそれにより生ずる効果を検討した。石油大臣はまた、いくつかの決定を採択した。その中には、この決定の参加国であるアラブ諸国の石油生産削減の総量が米国及びオランダに対する石油供給禁止の結果削減される量を含め、一九七三年九月の産出量の二五%とするとの決定が含まれる。さらに一二月には引続き、一一月産出量の五%を新たに削減する。但し、この削減は、友好国が一九七三年の最初の九か月間にアラブ産油国から輸入してきた量に影響を与えないことを条件とする。

会議は、二回に亘って行われたアラブ石油大臣の会議において採択された決定に関し、アラブの見解を説明するためにアルジェリア・エネルギー大臣とサウディ・アラビア石油鉱物資源大臣を西側諸国に派遣することを決定した。

会議はまた、その決定の履行とその効果をフォローするため、必要な場合将来その都度会議を開くことを決定した。

25 金子孝二「最近の国際石油情勢」『経済と外交』第六二二号（一九七四年三月）p.21.

26 Edward Heath, The Course of My Life. My Autobiography, (London: Hodder and Stougthon, 1998) p.508.

27 「中東問題に関する二階堂官房長官の発言」『わが外交の近況（下）』（一九七四年）一一五～一一六頁。

中東問題についての我が国の態度は先般の在京アラブ一〇か国大使あて口上書のとおりであるが、我が国は武力による領土の獲得には絶対反対であり，この立場からかねてより安保理決議二四二の早急実施を主張してきているところ、この際改めて今般の停戦決議にも明示されているごとく安保理決議二四二の完全な実施が直ちに開始されることを強く希望する。とともに、そのためにこの地域に大きな影響力を有する米ソ両国が、公正且早急な解決のために全ゆる努力を行うことを強く希望するものである。

なおパレスチナ問題について我が国はパレスチナ人の平等と自決を認める国連決議を支持している。

28『日本経済新聞（夕刊）』（一九七三年一一月七日）。
29『朝日新聞（夕刊）』（一九七三年一一月五日）。
30 ＮＨＫ取材班『戦後五〇年その時日本は　五』（ＮＨＫ出版、一九九六年）六七頁。
31 ＮＨＫ取材班『戦後五〇年その時日本は　五』六六～六九頁。及び、石川『オイル外交日記　第一次石油危機の現地報告』九三、九八～九九頁。「アブダビのオタイバ石油相から、日本はベストフレンドであるから石油供給については心配しなくてよい。日本政府、それに先般アブダビを来訪した中曽根通産相にも伝えて欲しい」、あるいは、「一一月五日の石油相会議終了後、なんの変更もないから心配する必要はないとの伝言を受け取った」。
32 ＮＨＫ取材班『戦後五〇年その時日本は　五』六九～七〇頁。
33『日本経済新聞』（一九七三年一一月一一日）。
34「石油中心に総需要抑制」『毎日新聞』（一九七三年一一月二一日）。
35「二五パーセント削減は全世界平均」『毎日新聞』（一九七三年一一月六日）。
36『日本経済新聞』（一九七三年一一月二日）。
37『中東年誌　一九七三年』（東南アジア調査会、一九七四年）二九五～二九六頁。
38 外務省情報公開第〇一六一八号「日本に対するアラブの情報を収集する密使派遣の計画の決定文書」（往電第一五〇号、一九七三年一一月六日）、（一五五号、一九七三年一一月一〇日）。
39 柳田『狼がやってきた日』一二九頁。及び、『毎日新聞』（一九七三年一一月一六日）によると、「アラブ・イスラエル両方に交渉能力を持つ国は世界で米国だけだ。キッシンジャー長官の話をじっくり聞いてから対策を練るしかない」（外務省幹部）。
40 豊永惠哉氏及び林昭彦氏へのインタビュー（二〇〇七年一二月二一日）。
41 外務省情報公開文書「キッシンンジャー国務長官訪日に際し準備し、背景資料として先方に手交せるもの（一九七

三年一一月一四日)」(background paper Impact on Japan of the Reduction of Oil Supply by OAPEC Countries)。

42 Kissinger, *Years of Upheaval*, p.740.

43 Kissinger, *Years of Upheaval*, p.153, p.700参照。「キッシンジャー構想」とは、一九七三年四月二三日にキッシンジャー大統領特別補佐官がニューヨークで開かれたＡＰ通信社の年次午餐会において、「欧州の年」と題する講演の中で発表した「新大西洋憲章」を指す。米国がこの構想を掲げた狙いは、西側同盟諸国に対して共通の目的を掲げ、共産主義の侵略を何としても抑えるための大局的認識を盛り込むことによって、西側同盟に新しい政治的刺激を与えることであった。具体的には「キッシンジャー構想」は、米欧関係だけに留まらず、日本も含めた西側同盟の関係を再強化し、政治・経済・安全保障、すべてを一体化した新しい枠組みを構築することを目的とするものであり、この構想のなかで最も重視された課題の一つが、国際的な協力によって、各国間の競争を誘発しうるエネルギー問題に解決政策を見出すことであった。

44 Briefing Memorandum, From Finn to Rush, through Lord, "Role of Japan in a Tri-Regional Relationship," November 2, 1973, Box 346, Policy Planning Council Director's Files, 1969-1977, Lot Files, RG59, NA.

45 Action Memorandum, From Hummel to the Secretary, "Arab Oil Cutbacks and Japan," October 30, 1973, *DDRS*, CK3100516009. (accessed March 9, 2010). ; Action Memorandum, From Armstrong to the Secretary, "Arab Oil Cutbacks and Japan," November 2, 1973, *DDRS*, CK3100516014. (accessed March 9, 2010). ; Briefing Paper, "Japan and the Middle East Conflict, Background and Recent Developments, Neutral Stance Under Pressure," November undated, 1973, NSA, No.01818.

46 Memorandum (with Secret attachment), From the Charge to the Secretary, "Your meeting with Yasuhiro Nakasone, Minister of International Trade and Industry (MITI)," November 14, 1973, NSA, No.01826.

47 Memorandum of Conversation, Ohira, Togo, Yasukawa, Okawara, Numata, Fujii, Kissinger, Ingersoll,

Hummel, Shoesmith, and Wickel, "Middle East Situation and Prospects," November 14, 1973, NSA, No.01830. ; Memorandum of Conversation, Ohira, Togo, Yasukawa, Okawara, Numata, Fujii, Kissinger, Ingersoll, Hummel, Shoesmith, and Wickel, "Declaration of Principles," November 14, 1973, NSA. No.01828.; 外務省情報公開文書北米第一課「大平大臣・キッシンジャー国務長官談話（議録）」（一九七三年一一月一四日）。

48 Memorandum of Conversation, Ohira, Togo, Yasukawa, Okawara, Numata, Fujii, Kissinger, Ingersoll, Hummel, Shoesmith, and Wickel, "Middle East Situation and Prospects," November 14, 1973, NSA, No.01830.

49 *Ibid.*

50 *Ibid.*

51 *Ibid.*

52 *Ibid.*

53 (the United States has no interest in seeing Japan suffer economically) このキッシンジャー発言は、田中首相との対談において語られたものとされているが、大平外務大臣との会談で語られている。

54 キッシンジャーのこの発言が日本の政策転換を促した要因であるとされたことは、The New York Times, November 23, 1973, p.3.

55 「大平大臣・キッシンジャー国務長官談話（議録）」三四頁。米軍に対する石油融通の決定指示が国務省から在日大使館に出されたのは一二月六日である。Action Memorandum, From Hummel to the Secretary, "Japanese Middle East Policy," December 6, 1973, Box 2408, SNF, 1970-1973, RG59, NA.

56 「大平大臣・キッシンジャー国務長官談話(議録)」三八～三九頁。

57 「大平大臣・キッシンジャー国務長官談話(議録)」四〇～四一頁。

58 日・EC宣言作成の申し出をデンマーク駐日大使が日本側に伝えたのは一一月一四日のことである。政府や外務省の意見が一枚岩ではなかったと言える協議が行われたのは、大平会談後と推定される。少なくとも一一月一四日時点で大平外相が「キッシンジャー構想」の実現を要望しているのは明らかである。また、一二月時点での日欧関係についての日本政府の意見は、日米欧の三者宣言が desirable であり、且つ advisable ではあるが、flexible な態度を持しており他のいかなる提案に対しても門戸を開いている、というものである。これらの事実から、様々な意見があれど日本政府としては、日米欧宣言が望ましいと考えていたと解釈できるであろう。外務省情報公開文書調査部企画課「第五回日独政策企画協議報告(一九七三年一二月一四日、一五日於東京)」(一九七三年一二月)参照。

59 外務省情報公開文書北米第一課「わが国の新中東政策に対する米国の反応」(一九七四年一月四日)三頁。

60 外務省情報公開文書北米第一課「大平大臣・キッシンジャー長官晩餐会における会話要録」(一九七三年一一月一四日)。

61 ＮＨＫ取材班『戦後五〇年その時日本は　五』一〇〇～一〇一頁。

62 Memorandum of Conversation, Aichi, Kissinger, Ingersoll, and Wickel, "Implications of Oil Crisis for Japan's Domestic and International Economic Policies," November 14, 1973, NSA, No.01829.

63 *Ibid.*

64 *Ibid.*

65 *Ibid.*

66 *Ibid.*

67 『経団連週報』(経済団体連合会、一九七三年一一月二二日)。

68 『毎日新聞』(一九七三年一一月一五日)。

69 筆者が直接今里広記氏に「角さんへの押し」ということで話していただいた。(一九八四年一二月一七日、於:帝国ホテル、同席者、永田雅一氏、萩原吉太郎氏)。

70 Memorandum of Conversation, Tanaka, Ohira, Hogen, Okawara, Yasukawa, Kiuchi, Numata, Kissinger, Ingersoll, Shoesmith, and Wickel, "Secretary's call on Prime Minister," November 15, 1973, Box 2408, SNF, 1970-1973, RG59, NA.; 外務省情報公開文書北米第一課「田中総理・キッシンジャー国務長官会話（議録）」（一九七三年一一月一五日）。

71 *Ibid.*

72 *Ibid.*

73 *Ibid.*

74 *Ibid.*

75 Memorandum of Conversation, Nakasone, Wada, Hosokawa, Kissinger, Ingersoll, and Wickel, "Oil," November 15, 1973, NSA, No.01833.

76 Memorandum (with Secret attachment), From the Charge to the Secretary, "Your meeting with Yasuhiro Nakasone, Minister of International Trade and Industry (MITI)," November 14, 1973, NSA, No.01826.

77 *Ibid.*

78 Memorandum of Conversation, Nakasone, Wada, Hosokawa, Kissinger, Ingersoll, and Wickel, "Oil," November 15, 1973, NSA, No.01833.

79 *Ibid.*

80 *Ibid.*

81 中曽根康弘『天地有情』（文藝春秋、一九九六年）二七五頁。（中曽根氏の秘書を通じて、この時の自分の心情は『天地有情』を参考にして欲しいとの連絡有り、二〇〇七年二月一九日）。

82 『朝日新聞』（一九七三年一一月一六日）。

83 Kissinger, *Years of Upheaval*, p.745.; 大平正芳『大平正芳／私の履歴書』（日本経済新聞社、一九七八年）一三五～一三六頁。

84 Kissinger, *Years of Upheaval*, p.741.

85 筆者による小山内高行氏へのインタビュー（二〇〇六年六月五日）。小山内氏の「中東戦争と日本の付焼刃外交」『経済往来』第二六巻二号（経済往来社、一九七四年）に対して、田中は私邸で「財界等各所の要求を聞き入れないわけにはいかない状況であった」と同氏に語った。

86 Telegram 15045, From Ingersoll to United States, "Saudi Arabian pressures on GOJ," November 16, 1973, Box 2408, SNF,1970-1973, RG59, NA.

87 *Ibid.*

88 *Ibid.*; Action Memorandum, From Hummel to Kissinger, "Appointment Request: Ambassador Yasukawa ? Japan," November 17, 1973, Box 2408, SNF, 1970-1973, RG59, NA.

89 『朝日新聞（夕刊）』（一九七三年一一月一七日）。

90 『朝日新聞』（一九七三年一一月一一日）。

91 『読売新聞』（一九七三年一一月一六日）。

92 『日本経済新聞』（一九七三年一一月一七日）。

93 'New Arab Oil Cut To Europe Voided,' *The New York Times*, November 19, 1973, p.1.

94 『日本経済新聞』（一九七三年一一月一九日）。

95 『朝日新聞』（一九七三年一一月一九日）。

96 外務省情報公開文書サウディアラビア発本省着総番号(TA)69522 第二三三八号「森本の本使に対する報告次のとおり」（一九七三年一一月一三日）。

97 外務省情報公開文書サウディアラビア発本省着総番号(TA)69662 第二三三九号「田村前大使の報告次のとおり」（一九七三年一一月一四日）。

98　外務省情報公開文書外務大臣発在米大使宛第三〇二九号「水野アラビア石油社長報告書」（一九七三年一一月一八日）。

99　ＮＨＫ取材班『戦後五〇年その時日本は　五』九一頁。

100　巻末の資料①②を参照。英文は定冠詞がなく、仏文には定冠詞les(des=de les)がついていることで、一部でも撤退すればよいと解釈することができるか否かで問題になっていた。

101　田村秀治『アラブ外交五五年　下』（勁草書房、一九八三年）二三三～二三四頁。

102　柳田『狼がやってきた日』八三頁。

103　『日本経済新聞』（一九七三年一一月一七日）。

104　大平正芳回想録刊行会『大平正芳回想録　伝記編』（大平正芳回想録刊行会、一九八二年）一三四頁。

105　Marth Ann Caldwell, "Petroleum Politics in Japan: State and Industry in a changing policy context,"(PhD dissertation, University of Wisconsin-Madison,1981) p.211.

106　柳田『狼がやってきた日』八四頁。

107　『日本経済新聞（夕刊）』（一九七三年一一月一九日）。

108　『朝日新聞』（一九七三年一一月一九日）。

109　ＮＨＫ取材班『戦後五〇年その時日本は　五』一二二～一二四頁。

110　外務省情報公開文書中近東課外務大臣発在米大使宛第三〇二五号、三〇二六号、三〇三五号「中東紛争に対するわが国の態度表明」（一九七三年一一月一八日）。

111　Memorandum of Conversation, Yasukawa, Murata, Kissinger, Ingersoll, and Ericson, "Japanese Inclusion in Declaration of Principles," November 19,1973, Box 2408, SNF, 1970-1973, RG59, NA.

112　一九七三年九月末の訪欧で田中首相は欧州諸国の態度に傷つけられた。そのことを認識していた英国は日本の重要性を強調し、一一月一二日にＥＣ外相会議で日・ＥＣ宣言を作成することを日本に申し入れることを決定し、一四日にＥＣ議長国のデンマーク駐日大使がＥＣを代表して、その申し入れを日本側に伝えた。山本健「「ヨーロッパの年」の日欧関係、一九七三―七四年」『日本ＥＵ学会年報』三二号（二〇一二年）一六八頁参照。

113 Memorandum of Conversation, Yasukawa, Murata, Kissinger, Ingersoll, and Ericson, "Japanese Inclusion in Declaration of Principles," November 19,1973, Box 2408, SNF, 1970-1973, RG59, NA.

114 *Ibid.*

115 *Ibid.*

116 *Ibid.*

117 *Ibid.*

118 *Ibid.*

119 *Ibid.*

120 宮崎弘道『宮崎弘道　オーラル・ヒストリー』（政策研究大学院大学、二〇〇五年）一五四頁。

121 Kissinger, *Years of Upheaval*, p.745.

122 *Ibid*., p.741.

123 Action Memorandum, From Hummel to the Secretary, "Response to Anticipated Question on Japanese Announcement of Position on Middle East," November 21(Washington time), 1973, Box 2408, SNF, 1970-1973, RG59, NA.

124 電気新聞編『証言　第一次石油危機　危機は到来するか?』五六～五七頁。

125 中曽根『天地有情』二七四頁。

126 第七一回衆議院商工委員会五七号（一九七三年一一月二一日）〈国会会議録検索〉。

127 中曽根『天地有情』二七四頁。

128 Caldwell, "Petroleum Politics in Japan: State and Industry in a changing policy context," p.214.

129 Action Memorandum, From Hummel to the Secretary, "Response to Anticipated Question on Japanese Announcement of Position on Middle East," November 21(Washington time), 1973, Box 2408, SNF, 1970-1973, RG59, NA.
130 *Ibid.*
131 『わが外交の近況（下）』一一六～一一七頁。
132 『朝日新聞（夕刊）』（一九七三年一一月二二日）。
133 『毎日新聞（夕刊）』（一九七三年一一月二二日）。
134 『毎日新聞（夕刊）』（一九七三年一一月二二日）。
135 Lieber, Robert J., *Oil and the Middle East War: Europe in the Energy Crisis,* (the Center for International Affairs Harvard University, 1976) pp.25-26.
136 外務省情報公開文書北米第一課「わが国の新中東政策に対する米国の反応」（一九七四年一月四日）一九頁参照。他に、細谷千博、他三名編『日米関係資料集　一九四五―九七』（東京大学出版会、一九九九年）八八八～八八九頁では、出典：New York Time (Late City Edition) November 24,1973,p.11, "A State Department spokesman, George S. Vest, said that while the United States appreciated the difficulties Japan faced because of a threatened oil embargo from the Middle East, We regret that Japanese Government found it necessary to make a statement of this nature." となっている。
137 Kissinger, Years of Upheaval, p.745.
138 ＮＨＫ取材班『戦後五〇年その時日本は　五』一三二頁。
139 外務省情報公開文書北米第一課「わが国の新中東政策に対する米国の反応」（一九七四年一月四日）五～一二頁。具体的にみると、日本を非難する調子の強いものが全体の約四分の一、日本に同情する調子の強いものが全体の約四分の一、残りの約半分は、日本の置かれている立場を客観的に分析し今後の問題点を冷静に観察しようとするものであった。
140 “Japanese Caution Israelis on Ties,” *The New York Times*, November 22, 1973.
141 柳田『狼がやってきた日』八九頁。
142 『朝日新聞（夕刊）』（一九七三年一一月二四日）。『朝日新聞（夕刊）』（一九七三年一二月一日）。一一月三〇日に日本の親アラブ政策に抗議する全米ユダヤ人会議が、ニューヨークのホテルで開かれているカメラショーに対して抗議デモを行ったが、これが全米で初めての団体抗議行動であった。
143 『日本経済新聞』（一九七三年一一月二三日）。
144 『毎日新聞（夕刊）』（一九七三年一一月二八日）。
145 同右。
146 「わが国の新中東政策に対する米国の反応」二頁。
147 『朝日新聞（夕刊）』（一九七三年一一月二八日）。
148 『毎日新聞』（一九七三年一一月二九日）。
149 同右。
150 『中東年誌　一九七三年』二八七頁。
151 外務省情報公開文書中近東アフリカ局「三木特使中近東八カ国訪問」（一九七四年一月）。
152 同右。
153 『中東年誌　一九七三年』二八七頁。
154 同右。
155 外務省情報公開文書中近東課発電信総番1207‐114‐001「アラブ諸国に対する特使派遣」（一九七三年一二月七日）。
156 同右。

157 Telegram, To Embassy (Japan) , “U.S. Policy Actions towards Japan on oil,” December 6, 1973, Box 2408, SNF, 1970-1973, RG59, NA. ; Action Memorandum, From Hummel to the Secretary, “Japanese Middle East Policy,” December 6, 1973, Box 2408, SNF, 1970-1973, RG 59, NA.

158 Kissinger, *Years of Upheaval*, p.874.

159 Telegram, To Embassy (Japan) , “U.S. Policy Actions towards Japan on oil,” December 6, 1973, Box 2408, SNF, 1970-1973, RG59, NA.

160 Kissinger, *Years of Upheaval*, p.740.

161 Kissinger, *Years of Upheaval*, p.741.

162 外務省情報公開文書中近東課発電信総番 1207 - 114 - 001「アラブ諸国に対する特使派遣」（一九七三年一二月七日）。

163 Telegram, To Embassy (Japan) , “U.S. Policy Actions towards Japan on oil,” December 6, 1973, Box 2408, SNF, 1970-1973, RG 59, NA. ; Action Memorandum, From Hummel to the Secretary, “Japanese Middle East Policy,” December 6, 1973, Box 2408, SNF, 1970-1973, RG59, NA.

第三章
資源保有国との二国間外交推進

1　三木武夫特使の中東八カ国訪問（友好関係の構築を目指して）

三木副総理は中東への特使を打診された際、中東諸国との相互理解、相互協力を通じて友好関係を構築することが訪問の第一目的になることを条件として引き受けた*1。三木特使による中東八カ国の訪問については、国内のパニックを抑えるためのジェスチャーに過ぎず大きな役割は果たしていないとする評価や、友好国として認定されるために大きな役割を果たしたとする評価がある。例えば、当時外務省経済局長であった宮崎弘道は、「アラブに対して何かしなくてはいけないが、石油の値段交渉や援助のコミットを勝手にやってもらっては困る、そこで一番害のない人ということで三木副総理を選んだ、いわゆる国内の要求を満たすダミーであった*2」と見做している。それに対して、外務省中近東アフリカ局長の田中秀穂は、アラブ諸国に対して誠意を示した三木の中東訪問の意義を強調する*3。田中局長は、三木がファイサル国王との会談で、中東問題とアラブの大義に理解を示す日本の立場の説明に大部分の時間を費やし、石油問題を持ち出したのは最後の一五分ほどであった、いわゆる三木の「油乞いではない」交渉姿勢による成果を高く評価している。「外務省としては、サウジアラビアを重視していましたから、三木さんがファイサルから引き出した言葉に、私達も一安心しました*4」と田中局長は述懐している。

三木副総理が特使として中東諸国へ旅立つ直前の一二月六日、資源エネルギー庁は一二月分の原油輸入量の予測を、一一月分に比べて一五%減少するであろうと見做した。(この数字は、複数の会社が共同用船したタンカー分の数値が抜けていたため、実際は一二月分は一一月分より若干増えていたことが翌一月に判明した*5。)こうした原油輸入量減少の予測情報は、国内のパニック状態を一段と深刻化させた。

三木特使が出発する一九七三年一二月一〇日当日の朝には、OAPECの石油相会議において毎月五%の生産削減を一月から再開することが決定されたという報道が流れた。それと同時に、アラブ側はイスラエルが占領した地域から撤退すれば、世界の石油消費国に対する供給を再開する方針を掲げていることも報道された。こうした石油供給の削減か再開かという不穏な状況のなかでの出発に、三木は大変な役目を引き受けたと感じたことを後に述べている*6。そして午前一〇時過ぎ、中東諸国への支援を保証する田中首相の親書を携行して、三木は中東八カ国—アラブ首長国連邦のアブダビ、サウジアラビア、エジプト、クウェート、カタール、シリア、イラン、イラク—訪問の旅に出発した。この三木の中東訪問は油乞いと揶揄されることもあったが、三木使節団が掲げた訪問の第一の目的は、日本が中東問題を理解し、何らかの形で中東和平に役立ちたいと考えていることをアラブ諸国に伝えることであった。第二の目的は、日本と訪問国との経済技術協力を促進するためにどのような方法があるか、意見を交換することであった。双方の間の懸案として石油問題が存在していることはお互いに認識してはいたものの、三木は決して石油供給の要請を前面に出して交渉を行うことはしなかった*7。さらに三木は、アラブ諸国を納得させるために、口約束だけではなく、具体的な成果をあげなければならないという重要な任務も担っていた*8。

中東諸国を歴訪した三木特使は、アラブ側から友好国として認定され、石油の安定的な供給を確保することを短期的な目標としつつも、より長期的な観点から中東諸国との関係強化の姿勢を前面に押し出した交渉を行った*9。また、中東八カ国と一口に言っても、各国の政治的スタンス、石油供給制限の程度、日本に対する姿勢、日本への要望等は様々であった。

例えば、サウジアラビアは保守的な専制君主が統治する国家であり、イラクは急進的な革命政権が支配する国家であった。エジプトとシリアは西側諸国と政治・経済的関係を維持しながら、同時に共産主義陣営とも密接な関係を保持していた。非アラブ国家のイランはＯＰＥＣの一員としてアラブ諸国と共通行動をとることが多かったが、イスラエルとの外交関係を有していた*10。

さらに、石油の供給制限に関してもアラブ諸国間で完全に意見が統一されているわけではなかった。例えば、イラクは供給削減には参加していなかった。後に小坂特使が訪れるリビアも供給削減には消極的であった。（リビアは密かに米国に石油を輸出していたことが後に判明した。）

アラブ諸国の日本観も様々であった。中東諸国においては、日本は外交的に米国に追随し、対イスラエル政策についても米国寄りの政策をとっているという否定的な評価が一般的であった*11。特にエジプトでは、日本企業の進出の話が持ち上がったものの実現に至らないため、不信感が募っていた。一九六六年に自民党の川島正次郎副総裁がエジプトを訪問した際、五千万ドルの円借款を口約束したが、結局それが実現しなかったのは、川島がその五千万ドルをインドネシアのスカルノへの支援に用いてしまったためである。これは「幻の五千万ドル」と言われ、この事件以来エジプトの対日不信は強まっていた*12。それとは対照的にシリアでは、日本が中東地域に帝国主義的野心をもっていないことを評価し、好意的な感情を有していた*13。

アラブ諸国の日本への要求も様々であった。イスラエルとの戦争で軍事費が膨張したエジプトは、スエズ運河の開発費用だけではなく食糧支援も必要としていた[14]。シリアは、イスラエルとの紛争で唯一の石油精製基地が破壊されたため、新しい製油所建設に向けた日本の協力を必要としていた[15]。クウェートは、資金協力よりも日本の石油関連産業に関する技術協力を求めた[16]。イラクは、民間ベースだけではなく、政府ベースの技術経済協力協定を望んだ[17]。

このように各国の状況は一様ではなかったが、三木特使は各国の要望に耳を傾け、それぞれに理解を示し、経済・技術援助を提案した。三木は各国との交渉において、中東和平の実現を最優先の議題とし、この問題の解決なくして石油問題の解決もないという立場を強調した。三木は、各国首脳に対して、日本は率先してアラブ諸国の立場を米国や国連等の国際社会に訴えると約束したのである。このように三木は、中東和平問題の解決へ向けた協力と並行して、アラブ諸国に対する経済・技術支援を提案することで、各国との関係を緊密化しようとした。

①アラブ首長国連邦

最初の訪問国であるアラブ首長国連邦において、三木は日本が研究開発の実績を持つアスファルト方式による砂漠緑化の技術援助を申し出た。さらに、オタイバ石油相、ザイード大統領をはじめとする政府要人との会談を通じて、日本が中東和平の実現に向けて米国やイスラエルに働きかけることを約束した。アラブ首長国連邦側も日本に対して、国連の場を通じてイスラエルに働きかけることを依頼する等、日本が政治的な役割を担うことを期待したのであった。

②サウジアラビア

二番目の訪問国であるサウジアラビアにおいて、三木は、一二月一二日にファイサル国王と二時間にわたる会談を行った。三木は、「イスラエル撲滅論[18]」には与しないが、現状においてはアラブ側に正義があり、中東問題の公平な解決のために全力を尽くすとの立場を説明した。そして四件の経済プロジェクト―「石油精製と石油化学プラントの建設」「製鉄所の建設」「巡礼鉄道の復旧と半島横断鉄道の建設」「塩化ビニール等の石油化学製品の緊急輸入」―の実施を保証した。また五年間で一〇〇人の農村電化計画、職業訓練等人材養成、公衆衛生等に関する技術専門家を日本から派遣すること、及び三〇〇人の研修生を日本が受け入れることで人的交流を図ることも提案した*19。すでにこの時期になると、石油戦略の影響はアラブ諸国自身の経済にも撥ね返ってきており、サウジアラビア国内でも問題が生じていた。例えば、サウジアラビアでは、石油消費国から輸入していたセメントやプラスチック等の石油製品が不足するようになっていた。こうした問題に対処するために、三木は日本から石油製品を緊急に輸出することを約束した。

このような経済支援の供与の代償として日本が獲得したのは、「生産削減を解除する」とのファイサル国王の言質であった。この時会談に同席していた高杉駐サウジアラビア大使は、そのような重大な決定をファイサル国王の一存で下すことができるのか疑問に思った*20。しかしこの席で、「国王の命により、サウジアラビアがイニシアティブをとり、原油の供給に関して日本を英仏並みの友好国扱いにするよう努力するため、十日以内にクウェートでアラブ諸国石油大臣会議を開くことにした」とのファハド第二副首相の発言は、一二月二五日に現実のものとなる。

③エジプト

一二月一四日から一八日まで滞在したエジプトは、日本に対して不信感を最も強く持つ国家の一つであり、日本は口約束だけで実行に至らないと批判的であった。ハーテム副首相は会談において、中東問題に関して中立という立場は存在しないと指摘し、日本の中東政策に不満の意を表した。ファウジー副大統領は、日本が世界第二位の経済大国であることを自覚せず、中東問題に関してとるべき立場をとっていないと批判した。しかしその一方で、エジプトはアラブ諸国による日本への石油禁輸案に反対したことを説明し、日本からの経済支援を求めた。

三木は、エジプトの要請に応え、サダト大統領、ハーテム副首相、ヒガジー副首相らとの会談で支援を約束した。具体的には、スエズ運河が国際水路であることに鑑み、スエズ運河工事に対して当時異例の低金利二%で一億四千万ドルの円借款を行うこと*[21]、それに加え、食料品を含む商品援助や各種工業プロジェクトへの支援であった。

エジプトの首脳は、ウォーターゲート事件によって求心力が急激に低下しているニクソン政権がイスラエルに圧力をかけることはできないと判断し、国際世論によるイスラエルへの圧力を期待していた。これに対し、三木は石油問題の根本的解決のためには中東和平の実現が必要との立場に立って、米国やEC諸国に中東和平に向けた努力を促す意向を伝えた。こうした三木の姿勢に対して、エジプトは、副総理というハイ・レベルの要人を派遣した日本政府の姿勢を高く評価した。

④クウェート

次の訪問国であるクウェートは、石油資源の長期的な有効利用の観点から石油生産の制限を実施していた。そのため他国とは異なり、資金協力ではなく技術協力を日本に要請した。またクウェートは、日本の外交姿勢に対する強い不満を有していた。なぜなら、日本の経済成長は石油によって支えられているにも拘らず、窮地に立つアラブ諸国を支援しようとしなかったこと、さらに四年前の一九六九年にクウェート政府の代表が日本を訪問した際に総理・通産相及び財界の人々と話し合ったことがその後全く実現されていないためであった。三木は、帰国後その問題に対処することを約束した。その上で、中東問題の公正な解決なくして石油問題の解決はあり得ないという考えに基づいて、日本が積極的に解決に向けて努力し、クウェートとの友好関係を深めたいとの基本的立場を説明した。クウェート側も、国連決議が実施に移されるよう日本がイニシアティブを発揮することを期待していると三木に伝え、会談は終了した。

⑤カタール

その後訪問したカタールでは、三木は外相として国連安保理決議二四二号の成立に関与したにも拘らず、現在まで同決議が実施されていないことに責任を感じていることを伝えた。その後三木は、カタール側に対して、今後日本が関係各国に安保理決議の実施を働きかけることを約束した。他方カタールは、日本からの経済協力を強く望んでおり、アルミニウム精錬工場、ミニ製鉄所、製油所、製塩事業、繊維産業に関する日本の支援を要請した。三木は、カタールへの支援を約束し、さらに日本の民間企業が関与するプロジェクトに対しても日本政府が支援する意向であることを示唆した。

⑥シリア

他国とは異なり、シリアは比較的日本に好意的であった。シリアの副首相の言葉を借りれば、①日本人は我々と同じアジア人である、②日本はイスラエルの建国について何ら関与しなかった、③日本はアラブ地域にかつて植民地を持ったことがなかったためであった。シリアでは、第四次中東戦争の戦費が国家予算の七〇%にも達しており、しかも戦争で国内唯一の石油精製基地が破壊されていた。そのためシリアは、新しい製油所建設に向けた資金援助を日本に要請した。こうしたシリアの支援要請に対して、三木は製油所建設に対する九千万ドルの円借款供与を約束した。アサド大統領は、一九六七年の三木の国連決議成立に向けた努力を高く評価し、アラブ側への支持に感謝の意を表した。続いて三木は、中東和平達成に向けて、必要ならばニクソン大統領やキッシンジャー国務長官にイスラエルを説得するよう働きかけることをも約束した。

⑦イラン

イランは、パーレビ国王の意向によってＯＰＥＣによる際限なき石油価格の上昇を否定しており、石油価格の決定に際しては、日本も参画しているＯＥＣＤとの協議が必要であるとの立場をとっていた。イランは非アラブ国家であったため、アラブ諸国の戦略とは一線を画し、日本に対して従来どおり石油を供給している例外的な国家であった。しかし会談において、イランは今後の石油供給を継続する条件として、日本に対してイランが必要とする物資の支援を要請した。イランの要請に対して、三木は明確な回答はせず、検討を約束して交渉は終了した。そして最後の訪問国であるイラクに向かうテヘラン空港において、日本がＯＡＰＥＣによって友好国として認定されたという情報が三木の使節団一行にもたらされたのである。

⑧イラク

最後の訪問国イラクは、友好国・敵対国の区別をせず、石油を武器として用いることに反対していた国家であった。バキー外相は、日本が米国に働きかけ、イスラエルに対する兵器供給を停止させることが肝要であるとの見解を三木に伝えた。またイラクは、石油を日本に供給する見返りとして、五年間に一〇億ドルの借款を要請し、さらにその借款の金利を二％とすることを求めた。しかしイラクは、日本が支援を行うプロジェクトの内容を明らかにすることを条件としたため、結局経済協力に関する協定は成立することなく終わった。

その一方で、イラクは中東問題に対する日本政府の外交方針を高く評価した。三木は、日本がパレスチナ人の自決権を求める国連決議に、英国やフランスが棄権したにも拘らず賛成したことを強調し、さらに、政府間協力や民間協力を促進することで両国関係を強化する意向を伝えた。

以上のような各国の会談内容からも、三木の中東訪問において、日本が経済・技術援助を供与するだけではなく、同時に中東問題におけるアラブの立場に理解を示し、米国や国連等国際社会に対してアラブの立場を積極的に説明することを約束したこと、さらにアラブ側もまた日本にその役割を期待していたことが判明できる。中東和平の促進に向けた日本の積極的な関与は、長年日本が希求してきた国際社会における主要アクターとしての役割を果たすための実践の場となっていく。

また、石油の安定的な供給の確保に関しては、三木の訪問中の一二月二五日にクウェートで開催されたOAPECの会議において、アラブ諸国が日本を友好国として認めたことで、その目的を達成することができたのである*22。

OAPECの会議で決定された日本に関する合意事項は、次のとおりである*23。

1．閣僚達は日本の三木副総理の一部アラブ諸国への訪問等、様々なルートと方法を通じて伝達されたアラブの主張に対する日本の政策変更と、日本の経済情勢に留意し、同国の経済を守るため、一般的な生産削減の対象としないような方法で、同国を特別に扱うことを決めた。

2．同時に日本政府がこの決定を評価し、引き続きアラブの主張に対し公正で一貫した立場をとるよう期待する。

3．閣僚達は友好国に対しては、たとえ九月の水準以上になっても、これらの国の実際の必要量に応じて原油を輸出することを決めた。ただしアラブからの輸出がこれら友好国以外に再輸出されないこと、友好国が輸入するアラブ以外の国からの石油の代わりとならないことを条件とする。

4．クウェート会議に集まった閣僚達は、現在の削減率二五％の代わりに一五％にするよう生産を増加することを決めた。また来月の五％追加削減は実施しない。

このOAPECの決定で注目すべき点は、1である。たとえ三木特使が世論や財界の要求を抑えるためのダミーとして中東諸国に派遣されたとしても、三木の中東訪問は、一二月二五日にアラブ諸国による日本の友好国認定に大きく貢献したのである*24。日本は、一九七三年九月を水準とした石油量を確保できることになった。

2　中曽根康弘通産相のイラン・イラク訪問（政府間取引の成立を目指して）

一九七四年一月七日、中曽根通産相は中東訪問に向けて旅立った。この中東訪問は、通産省が石油の安定的な供給確保のために経済援助を提案するという石油確保のための援助を主目的とする訪問であった*25。長期的な展望を前面に出した三木の中東訪問とは異なり、中曽根は他の消費国との熾烈な競争のなかで、産油国との間で二国間取引に関する政府間合意の実現を目指した。

それまで石油入手のために日本政府は直接取引（Direct Deals）を推奨していた。直接取引（DD）の石油とは、一九七〇年九月にリビアが原油公示価格や所得税の引き上げに成功して以来、産油国が国際石油資本を経由せずに販売することが可能となった石油を指すもので、このDD石油は、世界の石油流通経路を大きく変化させた。石油消費国は、国際石油資本を通さずに産油国との直接取引を活発化させるようになったのである。

一九七三年一一月、石油危機が深刻な状態になると、国際石油資本は各取引先に不可抗力による石油の供給削減を通告してきた。そのため、日本は自力で石油を買い付けるために、直接取引を増やす必要に迫られた。そこで通産省は、主要商社に原油の獲得を要請した。こうして政府の要請を受けた日本企業は、石油を求めて奔走する世界の企業と競い合って、DD石油の買い付けに奔走したのである。

石油危機が始まってから二ヶ月を経た一二月の時点では、一〇ドル台にまで石油の価格は上昇した。日本の商社や石油業界は、日本の総輸入量に対するDD石油の割合の数値を上げるために、産油国が直接販売するDD石油の獲得競争に参入した。日本企業は産油国政府の入札販売に押しかけた際、石油を獲得できるならば値段は二の次という態度で契約の締結を目指した。そのため原油価格は暴騰し、日本企業の行動が国際石油価格暴騰の引き金になったと国際社会から強く批判されることとなったのである*26。例えば、一九七三年一二月二一日、当時日本の十大商社の一つであった日商岩井は、イラン国営石油からDD石油を一バレルあたり一六・三六ドルで買い付けた*27。この価格は、長期契約によるイラン原油の約五倍の価格であった。

このように国際石油市場を乱す日本企業の行動は、実際のところ石油危機が起きる前から国際社会の問題となっていた。例えば、一九七三年二月、当時日本の代表的な船会社の一つであるジャパンラインが、タンカー用重油の自給体制を目指し、一バレルあたり二・三八ドルという当時としては異例の高値でアブダビ政府と重油の直接売買契約を成立させた。この交渉過程において、三井物産が一億ドルを提示、それを抜いてジャパンライン・トーメングループが一億六千万ドルの高値で競り落とし、一九七七年までの五年間の供給合意に達していたことが判明した。日本企業同士が競り合って石油価格を吊り上げたことが明らかになったのである*28。そのような前歴があったため、石油危機の最中の日本企業の行動は、なおさら国際社会からの非難の対象となってしまった*29。

表1は、代表的な原油であるアラビアン・ライトの公示価格の値上がりの推移を示したもので、一九七三年一月から一年間に約四・五倍も跳ね上がったことがわかる。

中曽根通産相の中東訪問により、日本政府は、石油入手を民間企業に頼るだけではなく、政府間取引(Government to Government・GGベース)の推進にも着手することになったのである。

石油の政府間取引は契約期間が長期にわたり大量の取引となるため、産油国との信頼関係を強化する必要がある。しかし、信頼関係の強化は短期間に実現できるものではなかった。実際に石油危機の間に日本がGGベースの石油取引の合意を実現できたのは、一件のみであった。日本においては、中東地域の重要性に対する認識は英国やフランスと異なり、必ずしも高いとは言えなかった。日本の現役閣僚が初めて中東地域を訪問したのは、一九七三年四月二八日から五月七日の中曽根通産相の訪問であり、次に中東の産油国を訪問した政府要人は、同年一二月に政府特使として派遣された三木副総理といった具合である。その間、誰も政府要人が中東を訪問したことはなかったのである。

アラブ産油国から友好国と認められたといえども、それが永続的に続く保証はなく、産油国との信頼関

表1 公示価格(1バレルあたり)

	アラビアン・ライト原油
1965年12月〜70年12月	1.80ドル
1971年　6月	1.29ドル
1972年　1月	2.48ドル
1973年　1月	2.59ドル
1973年 10月	5.12ドル
1974年　1月	11.65ドル

出典: Daedalus, p.26. Source;Petroleum Press Service, November, 1973 and February, 1974 ; and Foster Associates, Energy Prices 1960-73, A Report to the Energy Policy Project of the Ford Foundation,(Cambridge, 1974) p.18.

係をさらに深めるためにも、使節派遣は重要であった。

一九七四年一月五日にベイルートの石油情報誌『ミドルイースト・エコノミック・サーヴェイ』が「昨年九月に日本が輸入した量を下回らない石油を日本へ一月一日から供給することに決めたが、石油供給の増加が認められるかどうかは、日本の今後の対中東政策にかかっている＊30」と報じたことからも、日本は友好国と認定された後も、中東諸国との関係を緊密なものにしなければならなかった。

中曽根通産相が中東訪問を行う頃には、英国、フランスに続いて、西ドイツも活発に政府間取引に向けて産油国と交渉を行っていた。これらの国では、閣僚級の要人が自ら産油国との交渉に足を運び、原油の直接取引と経済・技術協力に向けた交渉を行っていたのである。そのような状況のなかで、中曽根は日本と産油国との間の政府間取引の合意に向けて動いた。

一九七四年一月七日、中曽根通産相は、産油国との交渉材料として円借款一五億ドル分を用意して、イランに向かった。一月八日現地時間一八時にイランに到着した中曽根は、早速その夜、アンサリ経済相と非公式会談に入り、翌九日、ホベイダ首相やアンサリ経済相らとの会談で製油所建設等について協議した。この会談において、中曽根は、一日あたり五〇万バレルの石油を生産する石油プラント建設計画に対して、一〇億ドルの円借款を提案した。日本側の提案に対して、イラン側は、さらに一〇億ドルの上積みを要請してきたため、結局両者の間で合弁プラントの計画は合意されず、今後検討するということで交渉は終わってしまった＊31。

次に中曽根通産相は、英国、ブルガリアを経て一月一五日、イラクに到着し、フセイン革命軍事評議会議長及びジャズライ工業相との交渉に入った。その結果、日本が六件のプロジェクト―「化学肥料工場」「石油化学工場」「輸出用製油所」「ＬＰＧプラント」「セメント工場」「アルミ精錬工場」―に協力するための一〇億ドルの円借款をイラクに提供し、それと引き換えに、イラクが一〇年間で原油九千万トンを日本に供給するという合意に達した*32。これが、日本政府による初の政府間取引の合意であった。

一九七四年一月一七日に署名した議事録の要旨は次のとおりである*33。

1．日本、イラク両国は両政府間での経済・技術協力協定の早期締結を希望する。同協定は以下の内容によって規定される。

①日本は一〇億ドルまで政府のアレンジで長期借款を決める。今後四年間のうちに借款は実施され、金利は年率五・二五％。

②借款の対象となるプロジェクトの優先順位は次の通り。（a）LPGプラント、（b）輸出用製油所、（c）肥料工場、（d）セメント工場、（e）ナフサ使用の石油化学工場、（f）アルミ工場。

③日本側はさらにイラク側が希望するプロジェクトについての協力を考慮する。（a）原油の採鉱、開発、生産、（b）電力、（c）造船所、（d）イラク鉄道開発、（e）農業並びに灌漑プロジェクト、（f）繊維工場プロジェクト、（g）その他工業プロジェクト。

④⑤⑥⑦省略。

⑧日本側は次の技術援助を年々提供する。（a）日本人技術者をイラクに派遣する。（b）両者が合意する分野で七四〜七五財政年間に政府ベースで三〇人、民間ベースで一〇〇人の訓練生を日本側が受け入れる。（c）略。（d）これら技術援助にかかる全費用は日本側が負担する。

⑨イラク政府は両国で合意される案件を条件に、七四〜八三年間に次の数量の原油を日本向けに供給する契約の締結並びに実行を促進する。ただし、その供給の保証は、日本がイラクの経済発展

に寄与する進展の状況と実現の度合いにリンクされるものとする。七四年五〇〇万トン、七五年七〇〇万トン、七六年九〇〇万トン、七七年九〇〇万トン、七八〜八三年まで毎年一千万トン。以上の数量はこれまでの既約分は含まない。両国は七五年末にこれらの数量及びＬＰＧ、石油製品の増量についての可能性を打ち合わせるため会合する。

これは③に記載されたプロジェクトの開発推進に対する日本の貢献度に照らして行う。

しかしイラク側は、原則として、ＬＰＧプラントから生産されるＬＰＧおよび輸出用石油精製所から生産される石油製品の日本への供給の可能性を保証する。
⑩⑪省略。

2．日本側は七四年のバクダッド国際見本市に参加する。
3．日本側はイラク航空と日本航空との間の協力及びバクダッド—東京間の定期航空便の開設についてのイラク側の提案を日本の関係当局に伝達する。

この合意は、石油消費国間で石油獲得競争が激化するなかで成立したものであった。例えば、中曽根通産相がイランに向けて旅立った一月七日、フランスは、サウジアラビアとの間に、ミラージュ戦闘機等の兵器提供の見返りとして、二〇年間に原油八億トンを獲得する取引を成立させていた＊34。また一月二五日には、英国は、バーバー（Anthony Barber）蔵相とウォーカー（Peter Walker）貿易産業相がスイスのサンモリッツに滞在中のイランのパーレビ国王を訪ね、英国が一億一千万ポンドの工業製品を輸出する見返りに、イランから一年に五〇〇万トンの原油を入手する契約を成立させたのであった＊35。西ドイツのフレデリクス（Hans Friderichs）経済相も、一月二六日から三日間、サンモリッツに滞在中のパーレビ国王を訪ね、六二億マルクを投じてイランに二五〇〇万トンを処理する製油所を建設する見返りに、イランの天然ガス一三〇から二〇〇億㎥をソ連経由で西ドイツに輸送する契約の原則的合意にこぎつけた＊36。その後も、政府間取引の合意を目指す各国の活発な動きが変わることはなかった。二月九日には、ジスカールデスタン（Valéry R.M.Giscard d'Estaing）仏蔵相とアンサリ・イラン経済相との間で、約五〇億ドルの経済協力が調印され、その内容は、フランス系企業が原子力発電所、欧州向け天然ガス輸送用の長距離ガス輸送管、天然ガス液化工場、及び石油コンビナートを受注するというものであった＊37。二月二〇日には、メスメル（Pierre Messmer）仏首相が、リビアとの間で原油と引換えに原子力発電所、製油所建設に関する二五〇億フランの経済援助に関する合意を成立させた。また、ジョベール（Michel Jobert）仏外相はサウジアラビアやクウェートを訪問し、原油獲得の見返りとして武器供与の提案を行ったのである＊38。三月一一日、西ドイツのフレデリクス経済相はイランとの間で、石油プラント協定に合意した。これは日本・イラン間で合意に達しなかった事業に関するもので、①年間二五〇〇万トンの石油精製工場、②石油化学総合プラント、③天然ガスの採掘及び輸送計画についての合意等を内容とするものであった＊39。四月一九日には、西ドイツのブラント（Willy Brandt）首相が、アルジェリア・エジプト両国首脳に経済協力を働きかけるために、アルジェリアを訪問した＊40。六月二五日、フランスは、イランとの間に今後一〇年間で五〇億ドルを提供し、石油コンビナート建設すること等を骨子とする技術協力協定を締結した＊41。

このように、英国、フランス、西ドイツ等の国々は、閣僚級の政府要人を派遣し国家をあげて政府間取引の合意を目指したのである。しかし日本では、中曽根通産相以外の閣僚が中東地域を訪れて政府間取引に向けた交渉を行うことはなく、中曽根によってイラクとの間の政府間合意が締結されただけであった。産油国との政府間取引に関しては、欧州の積極的な外交に比べて日本外交は明らかに出遅れていた。

3　小坂善太郎特使の中近東八カ国訪問*42（友好関係の強化を目指して）

日本政府がワシントン石油消費国会議（詳細は第四章）に参加を決定し、田中角栄首相の名で「米国の招請を受諾し、代表を派遣する」旨をニクソン大統領に伝えたのは一九七四年一月一四日のことである。翌日一五日から、小坂善太郎は、日本と中東諸国との長期的友好関係を促進する特派大使として、田中首相の各国元首宛の親書を携え、中近東八カ国の旅へと出発した。小坂は、外務大臣を務めたこともあり、一九七三年一一月二五日の田中改造内閣で経済企画庁長官を退任し、当時自民党外交調査会長並びに党顧問の立場にあった。

小坂特使が訪問した中近東諸国（モロッコ、アルジェリア、チュニジア、リビア、レバノン、ヨルダン、スーダン、北イエメン）は、三木特使が訪問した中東産油国とは対照的に、石油戦略を用いることのできない非産油国がほとんどであった。多くが非産油国であるにも拘らず、その地域を小坂が訪問する理由は、中東戦争についての日本の立場を説明するとともに、アラブ諸国との交流を深めることにあった。日本はこうした訪問を通じて、中近東諸国に日本に対する理解を求め、石油問題に関する日本への間接的な支持を得ようとしていた。

小坂が中近東へと出発したのは、すでに 日本がアラブ諸国から友好国として認められ、国内のパニック状態が一段落して徐々に平静さを取り戻しつつあった時期であったし、中東和平についてもジュネーブ会議が始まり、エジプト・イスラエルの兵力引離しに関する交渉が進んでいた。このように石油問題に関する危機感が薄れ始めた時期に行われた小坂の中近東訪問は、三木の一行に比べて目立つものではなかった。しかし、アラブ一九カ国はその内部に様々な事情を抱えていたとはいえ、強い共同意識を持っていたため、今後の対アラブ政策を推進する上でこれら諸国の支持を得ておくことは大きな外交的意味があったのである。

当時ＯＰＥＣの石油戦略は、先進国の経済に影響を与えただけでなく、産油国自らにもその影響が撥ね返るようになっていた。経済相互依存が進んだこの時代にあって、アラブの石油戦略が長期にわたって維持できるものではないことが、次第に明確になってきたのである。石油製品の不足が発展途上国にも深刻な打撃を与えていることは、三木特使の中東訪問でも判明していた。

アラブ側にも石油戦略の影響が大きく及ぶようになると、アラブ諸国の間では、石油戦略の継続に疑問を呈し、消費国への歩み寄りを望む意見も聞かれるようになっていた。例えば、クウェートは消費国に歩み寄る必要性を指摘した*[43]。アテキ・クウェート石油・財政相は、「エネルギーのための行動グループは、評価されるべきものであろう*[44]」と語ったのである。

まだこの時点では、石油公示価格の値上げは依然として継続していたが、公示価格の値上げに関してアラブ諸国の間には様々な意見が生まれていた。

ペルシャ湾岸六カ国は、前年一二月二三日に決定していたとおり、一九七四年一月一日から原油価格を一挙に二倍に引き上げ、他の産油六カ国（リビア、インドネシア、ベネズエラ、ナイジェリア、エクアドル、ボリビア）もこれに追随した。リビアは一バレルあたり一八・七六ドルという史上最高価格を提示した。だが産油国は単に強硬な姿勢を貫いただけではなく、一月二日、インド訪問中のケネＯＰＥＣ事務局長は、「先進工業国が輸出価格を引き下げれば、ペルシャ湾岸諸国も原油価格を引き下げる」と語り、一定の柔軟姿勢を示した。続く一月四日、クバーＯＰＥＣ報道部長は、「産油国はエネルギー危機打開のため西側と建設的に協力する用意がある」との立場を明らかにした*45。さらにエジプトの『アル・アハラム』紙編集長は、同紙で、「アラブ産油国の原油生産削減と価格値上げは、米国を害するよりもむしろ助けている*46」と主張し、産油国の石油戦略の影響について疑問を呈した。このように産油国の石油戦略に関する意見は統一されておらず、産油国内部の状況も変わりつつあった。

日本国内を見渡しても、三木の訪問から僅か一ヶ月の間に、石油を取り巻く状況は大きく変化していた。日本では友好国と認められて以来、いかに「量」を獲得するかという問題への懸念が弱まり、国内の買い占めパニック状態は鎮静化していた。石油の安定的な供給確保に関する問題は、「価格」高騰によるインフレーションの問題へと徐々に変化していたのである。

このような状況のなかで一九七四年一月一五日に羽田を発ち、二月二日に帰国した小坂特使の訪問を詳細に分析すると、三木特使と同様、小坂がアラブ諸国の立場に理解する姿勢で、各国との密接な関係構築を図ろうとした側面が浮かび上がる*47。小坂は、「日本は、消費国が集まって産油国との対決姿勢になることには反対であり、産油国と消費国双方の話し合いの必要性を求めるために、米国提唱の会議に参加することを決めた」という消費国会議に関する日本の外交方針を説明し、アラブ諸国との交渉を進めたのである。

小坂が訪問した国のなかには、明治維新以降、先進国への発展を成し遂げた日本に学びたいとする国もあった。さらに、今後の日本との交流を期待する声も多く聞かれた。このような中近東諸国の反応を前に、小坂特使は、今後の中近東諸国との交流の大切さを感じ取るのである*48。

モロッコは、日本の新中東政策を評価し、且つ、日本の政治力を期待していた国家の一つであった。小坂は、モロッコに対して中東問題解決のための日本の方針を説明した。そして、日本の技術や発展モデルを学びたいとするモロッコの要求に応えて、実業家・技術者を含む調査団をモロッコへ派遣することと、三〇億円規模の経済援助を約束した*49。

アルジェリアも、アラブの立場を理解した日本の新中東政策を評価していた。小坂は、一二〇億円を限度とした円借款を提示し、その際、消費国と産油国が同じテーブルについて話し合うことを希望するとの日本の外交方針について説明した。そして小坂は、米国が提案する石油消費国会議が消費国と産油国の対決姿勢を増長するものとなれば石油問題は解決されないとの見解を伝え、産油国・消費国双方の合意を会議の前提とすべきであるという日本政府の意向を説明した。また、この会議に日本が参加しなければ米国の思うままの結果になる恐れがあり、日本が会議に参加することで産油国・消費国双方が満足できる方途を探ることが可能になると説明し、日本の支持を求めたのであった*50。

チュニジアにおいて、小坂は、ニクソン大統領の石油消費国会議の開催提案に賛成した理由を説明し、チュニジア側の理解を強く求めた。小坂は、米国と近い関係にある日本が中東紛争解決に向けて米国に働きかけることを約束し、石油消費国会議の決定が産油国と対決するようなものになるのであれば、日本政府は反対し、あくまでも産油国と消費国の交渉による石油問題の解決を促進することが日本の目的であると説明した。こうした日本の立場に対して、チュニジア側は、日本に鉄道の改修協力や石油精製工場の建設に向けた要請を行ったのであった*51。

リビアは、ニクソン政権の提案する石油消費国会議を産油国に対する陰謀と捉えていた。小坂は、消費国が産油国と対決するために会議を開催することには反対であり、両者の対話を前提として消費国会議への参加を決めたという日本の立場を説明した。さらに小坂は、リビアへの技術支援を提案した上で、進展が遅れていた日本企業の進出に関しても、政府が指導することを約束し、リビアとの友好関係を築く意志を積極的に表明した*52。

次の訪問先であるレバノンにおいて、小坂はこれまでの国での会談と同様に、ニクソン提案に対する日本の方針を伝え、日本の技術支援とレバノンの石油資源が補完的関係であることを説明した*53。ヨルダンは、米国から年間六千万ドルの軍事・経済支援を受けている国家であり、中東の安定勢力として重要な存在であった。日本はヨルダンに対して三〇億円規模の円借款供与を提案し、関係強化に努めた*54。

スーダンに対しては、両国間の関係強化のために三〇億円の経済協力を提案した。スーダンは、ワシントン石油消費国会議に対して否定的な姿勢をとっておらず、この会議が産油国に敵対的なものではなく、経済問題について討議する会議であるならば、異議はないという立場をとった*55。

最後の訪問国である北イエメンでは、小坂は、生産国と消費国双方の話し合いの必要性を強調した。北イエメンは、一九七三年一一月二二日の日本の新中東政策を高く評価しており、小坂の訪問を今後の両国の友好強化の第一歩として捉えた*56。

このように小坂特使の中近東諸国での交渉は、アメリカが提唱するワシントン石油消費国会議が産油国と消費国の話し合いの場となるように努めるという日本の方針を説明した上で経済援助を申し出ることにより、中近東諸国との友好関係の強化を図ったことがわかる*57。

小坂は、この訪問を終えた後、民間が先行し日本政府がそれを追認するという従来の経済協力のスタイルを転換し、より長期的視野に立った総合的、体系的な経済協力を推進していく積極的な中東外交の必要性を主張した。「日本はもっと協力の精神をもってアラブの心をつかむ努力を積み重ねなければならないと反省させられる旅であった*58」と小坂は述懐している。

第一次石油危機に関連した日本の資源外交に関する従来の研究では、日本政府が石油を求めて産油国に経済技術援助を申し出た側面に注目する傾向が強かった。実際に、中東への経済援助プロジェクトの数も、一九七三年一二月から一九七四年一月までの二カ月間で急激に増加した。日本政府は、一九七二年末までは、中東諸国のうちでも非アラブ諸国、例えば、イラン、アフガニスタン、トルコにのみ円借款を供与していたに過ぎなかった。一九七三年になって、アラブ諸国との関係強化の必要性が認識された後も、供与された円借款は四月にエジプトに対し三〇億八千万円、六月にシリアに対し八八億六千万円であった。しかしその年の一二月以降の三木特使、中曽根通産相及び小坂特使による中東諸国訪問によって状況は劇的に変化した。アラブ諸国との関係強化策の一環として円借款が増額され、この三名によって表明された円借款は、二四二七億五千万円、民間借款四六一二億五千万円、合計七〇四〇億円にのぼったのである＊59。日本政府の円借款総額に対する中東諸国の割合をみても、一九七三年は五・四％であったものが、一九七四年には二四・三％に上昇した＊60。

こうして、石油確保のために日本が中東への援助政策を積極化させたことは紛れもない事実である。しかし、エネルギー問題が死活的に重要である日本にとって、石油確保をめぐる外交はより総合的なものであり、中東外交はその一部として重要なのであった。

三木特使による中東歴訪では、日本が米国主導の多国間枠組みへの参加を推進する際にアラブ諸国の意向に十分に配慮するとの方針が明確に示された。また小坂特使の中東訪問においても、ワシントン石油消費国会議のなかで産油国と消費国の対話路線を促進するという日本外交の方針が説明され、非産油国も含めたアラブ諸国との関係構築が図られたのである。実際に日本は、石油問題をめぐる多国間枠組みであるワシントン石油消費国会議への参加を決定する際にも、産油国に配慮した外交を展開するのである。

註

1 三木武夫「石油危機、中東に使いして」『議会政治とともに　三木武夫　演説・発言集（上巻）』（三木武夫出版記念会、一九八四年）四〇六頁。
2 宮崎弘道『宮崎弘道　オーラル・ヒストリー』（政策研究大学院大学、二〇〇五年）一五二～一五三頁。
3 ＮＨＫ取材班『戦後五〇年その時日本は　五』（ＮＨＫ出版、一九九六年）一六七頁。
4 同右。
5 林昭彦「石油危機との悪戦苦闘記」『経友』第一六八号（東京大学経友会、二〇〇七年六月）七八頁。
6 三木「石油危機、中東に使いして」四〇七頁。
7 大来佐武郎「中東石油国三万五〇〇〇キロの旅」『中央公論』一九七四年三月号（中央公論社、一九七四年三月）五五頁。
8 大来佐武郎『経済外交に生きる』（東洋経済新報社、一九九二年）一一一頁。「幻の五千万ドル」と言われたエジプトから不信感を買った経緯は後述する。
9 外務省情報公開文書中近東アフリカ局「三木特使中近東八カ国訪問」（一九七四年一月）。内容の詳細はこの史料に依拠する。
10 大来「中東石油国三万五〇〇〇キロの旅」五五頁。
11 大来「中東石油国三万五〇〇〇キロの旅」五九頁。
12「三木特使中近東八カ国訪問」五三頁。
13「三木特使中近東八カ国訪問」一一七～一一八頁。

14 大来「中東石油国三万五〇〇〇キロの旅」六二頁。
15 大来「中東石油国三万五〇〇〇キロの旅」六三頁。
16 同右。
17「三木特使中近東八カ国訪問」一七一頁。
18「三木特使中近東八カ国訪問」二八頁。三木の発言である。
19「三木特使中近東八カ国訪問」三五頁。
20 NHK取材班『戦後五〇年その時日本は　五』一六六頁。
21 三木「石油危機、中東に使いして」四〇七頁。二億八千万ドルとなっているが、それは提示した金額で、約束した額は第一期分としての一億四千万ドルである。金利二％、据置期間七年間、返済期間二五年の条件であった。
22 日本の他に、ベルギーも友好国として認定された。
23「OAPEC（アラブ石油輸出国機構）石油大臣会議声明」『わが外交の近況（下）』（一九七四年）一七三～一七四頁。
24 石川良孝『オイル外交日記　第一次石油危機の現地報告』（朝日新聞社、一九八三年）二〇三頁。
25 柳田邦男『狼がやってきた日』（文藝春秋、一九七九年）二五九頁。
26『日本経済新聞』（一九七三年一二月二〇日）。*Daedalus*, Vol.104, No.4, (Journal of the American Academy of Arts and Science, Fall 1975) p.109.
27『朝日新聞』（一九七三年一二月二二日）。
28『毎日新聞』（一九七三年一二月二日）。
29 豊永惠哉氏へのインタビュー（二〇〇七年一二月二一日）。
30『朝日新聞』（一九七四年一月七日）。
31『中東年誌　一九七四年』（東南アジア調査会、一九七四年）二九七頁。

32 同右。
33 『中東年誌　一九七四年』二九七～二九八頁。
34 『朝日新聞』（一九七四年一月八日）。
35 『朝日新聞（夕刊）』（一九七四年一月二六日）。
36 『朝日新聞』（一九七四年一月二九日）。
37 『朝日新聞』（一九七四年二月一〇日）。
38 『朝日新聞（夕刊）』（一九七四年二月二〇日）。
39 『朝日新聞』（一九七四年三月一三日）。
40 『朝日新聞』（一九七四年四月二〇日）。
41 『朝日新聞』（一九七四年六月二七日）。また一九七四年二月一八日欧州為替市場は、一$＝約二・七マルク、一$＝約四・九フラン、一$＝〇・四四ポンド、東京為替市場は、一$＝約二九一円。
42 外務省情報公開文書中近東アフリカ局中近東課「小坂特使中近東諸国訪問報告書」（一九七四年二月）。
43 外務省情報公開文書北米第二課「エネルギー行動グループ提案に対する各国の反応」（一九七三年一二月一八日）。シュースミス駐日臨時代理大使もクウェート政府の意向を確認した。
44 同右。*The Japan times*, December 15, 1974, p.10.
45 『中東年誌　一九七四年』二四一頁。
46 『中東年誌　一九七四年』二四二頁。
47 「小坂特使中近東諸国訪問報告書」。
48 小坂善太郎『あれからこれから―体験的戦後政治史』（牧羊社、一九八一年）二二三頁。
49 「小坂特使中近東諸国訪問報告書」一四～三三頁。
50 「小坂特使中近東諸国訪問報告書」三四～六〇頁。

51「小坂特使中近東諸国訪問報告書」六一～七九頁。
52「小坂特使中近東諸国訪問報告書」八〇～一〇三頁。
53「小坂特使中近東諸国訪問報告書」一〇四～一一三頁。
54「小坂特使中近東諸国訪問報告書」一一四～一三一頁。
55「小坂特使中近東諸国訪問報告書」一三二～一四九頁。
56「小坂特使中近東諸国訪問報告書」一五〇～一六五頁。
57 田村秀治『アラブ外交五五年　下』(勁草書房、一九八三年) 二四四頁。
58 小坂『あれからこれから―体験的戦後政治史』二二三頁。
59「ＯＡＰＥＣ（アラブ石油輸出国機構）石油大臣コミュニケ」『わが外交の近況（下）』(外務省、一九七四年)、二九三～二九四頁。

60『わが外交の近況（上）』(一九七五年)、二九四～二九五頁。

第四章
多国間協調外交の推進

1　石油安定供給のためのワシントン石油消費国会議

（1）三木武夫副総理の米国訪問

日本政府は、一九七年一月四日、三木副総理を米国に派遣することを正式に決定した。この米国訪問には二つの目的があった。第一の目的は、アラブ諸国の立場を米国や国連に説明し、中東問題の解決へ向けて働きかけること、第二の目的は、キッシンジャー国務長官が一二月一二日に提唱した「エネルギー・アクション・グループ構想」に積極的に協力する姿勢を示すことであった*1。このように三木の米国訪問は、対米基軸を前提として中東外交と多国間協調外交を両立させる日本外交の方針を具現化したものであった。それは、三木の行程を詳細に分析することで明らかとなる。

一九七四年一月七日、田中首相が東南アジア五カ国に旅立ち、中曽根通産相がイラン・英国・ブルガリア・イラク訪問へと出発し、続いて三木が米国へと旅立った。中曽根の石油確保を目指した中東訪問と時を同じくして、三木は米国でアラブ諸国の立場を説明し、且つ多国間協調に向けて米国への協力姿勢を積極的に示すことになる。

三木は、一月九日午後三時（日本時間一〇日午前四時）から二時間、キッシンジャー国務長官と会談を行った*2。まず三木は、アラブ諸国の首脳との約束を履行するべく先の中東訪問の内容を詳しく伝え、アラブの立場を米国に説明した。それに対してキッシンジャーは、エジプト・イスラエル両国を再度訪問し、まず兵力の引離しにつき具体的な話を行い、安保理決議二四二号に基づいた中東和平達成を実現させるという米国の強い決意を伝え、次に日本側の中東和平に向けた試みに応えた。キッシンジャーは、交渉の進展に応じてその都度、日本政府に詳細に通報することを三木に約束したのである。

続いてキッシンジャー国務長官は、エネルギー問題解決のための外相会議の開催について、三木に詳細な説明を行い、日本の協力を求めた。最後に日米両国は、日米友好関係のさらなる増進のために、あらゆるレベルで間断なき交流が必要であることを確認し、会談は終了した。

一月一〇日のフォード（Gerald R. Ford, Jr.）副大統領との会談内容も、先のキッシンジャー国務長官との会談と基本的に同様のものであった。フォードは三木に対して、キッシンジャーによる中東再訪問や世界経済の破綻を防ぐためのエネルギー外相会議が具体的な成果を収めるよう期待するとの発言を行った。それに対し、三木はフォードに、中東訪問を通じて受けたアラブ諸国の要求を説明した上で、エネルギー問題を緊急に解決するためにも日本が米国に積極的な協力の用意があることを伝えた。

同一〇日の夕方、三木は、米国訪問最後の地であるニューヨークに到着し、日本政府が発表した新中東政策の再考を求める在米主要ユダヤ人団体の代表団四名と面会した。日本が中東和平を強く希望していることを三木が伝えると、代表団は日本に対して強硬な抗議をすることはなかった。翌一一日、三木は、国際石油資本の一つであるエクソンの会長と会談し、原油の安定供給を要請した。そして国連本部にヴァルトハイム（Kurt Waldheim）国連事務総長を訪ね、一時間四〇分にわたる会談を行った。その会談で、三木は国連の中東和平に向けた役割を高く評価し、和平に向けてのさらなる努力を要請した。これをもって、三木の米国訪問の日程は終了した。

三木副総理は、米国から帰国した記者会見で、「これで中東訪問に関連することにピリオドを打ちたい*3」と語った。三木は、アラブ諸国の指導者との約束を果たしたと感じていたのである*4。また、三木がキッシンジャー国務長官やフォード副大統領との会談で強調したことは、日本外交の基本方針は米国との関係を基軸とするものであるということであった。三木は、日本は中東政策を転換したのではなく原則を明らかにしたのであり、米国と協調して国際協力を行うという日本政府の方針が変わらないことを米国に説明した*5。

この一連の三木の中東訪問と米国訪問によって、対米基軸を前提として、中東外交と多国間協調外交を両立させるという日本の新たなエネルギー政策の外交方針が本格的に始動することになる。

（2）ワシントン石油消費国会議への参加

①米国の提案

日本政府は、三木、中曽根、小坂の中東歴訪により新たな中東外交を推進する一方で、石油の安定的な供給確保に向けた多国間協調外交に取り組んだ。とりわけ、前年の「エネルギー・アクション・グループ構想」に基づいて一九七四年一月に米国が提案した主要石油消費国会議への参加が、日本にとっても重要な政策課題となった。

一九七四年一月九日、ニクソン大統領は主要石油消費国の首脳に対して、エネルギー問題に関する多国間会議への参加を要請する書簡を送った。翌一〇日の記者会見において、キッシンジャー国務長官と財務次官であったサイモン連邦エネルギー庁長官は、各国首脳に送った招請状の趣旨を説明し、米国の方針を語った。その内容は、「相互依存関係の世界にあっては、エネルギー問題はいかなる国も独自で解決することはできない。それゆえ、産油国と消費国の協調関係が必要なことを前提として、まずは消費国による会議でその方向性を統一しよう」と呼びかけるものであった*6。具体的には、二月一一日のワシントン石油消費国会議の開催後、拡大消費国会議を経て、三カ月以内に先進・後進消費国及び産油国が参加する会議を開催し、すべての国にとって適正な石油供給パターン、長期的に維持しうる価格レベルを検討することが提案されていた*7。

二月一一日に招請される諸国は、OECDのハイ・レベル石油委員会のメンバー国であり、これらの国で世界の石油輸入量の七五%から八〇%を占めていた。そして米国は、石油供給・価格の問題が重要な政治的問題であるため、各国に外相レベルの協議を行うよう求めた*8。勿論、参加国には日本も含まれていたのだが、この時点で日本に対して各国が高い評価を与えているとは言い難かった。この記者会見の場で、日本に対して厳しい指摘があったのである。記者会見の質疑応答の場面で、日本のような脆弱な国がワシントン石油消費国会議に参加しても果たして意味のある役割を担えるのかと、日本の参加を疑問視する趣旨の質問が発せられたのである。しかし、キッシンジャー国務長官は、日本政府の役割について偏見をもつべきではないとし、他の招請国と同様に日本の参加が必要であると返答した*9。

②産油国の反応

産油国の反応は、米国が提唱した石油消費国会議の開催に対して概して否定的であった。一九七四年一月一一日、クウェートの新聞『アル・ライ・アラム』紙が「米国が提案した石油消費国外相会議に出席を表明した国に対して、アラブ産油国は非友好国扱いとして原油の積み出し禁止の措置をとる」と報じた*10。

また、ヤマニ・サウジアラビア石油相は、二月一一日の消費国会議に参加した国をブラック・リストに載せる考えはないとしながらも、「消費国が産油国との対決を試みるのであれば、それは世界的な経済破局を招くであろう」と警告し、消費国の動きを牽制した*[11]。アラブ諸国と米国との対立も完全に鎮静化したわけではなかった。一月六日、シュレジンジャー（James R. Schlesinger）米国防長官は、「アラブ諸国の禁輸措置が長引けば、米国民の間にアラブ諸国に対して武力行使を求める声が高まるかもしれない。世界の工業生産を阻害するような形で主権が行使されるのを許すべきではない*[12]」と発言した。こうした強硬発言に対して、サバハ・クウェート外相は、「米国が軍事介入に出た場合に備えて、クウェートは油田に爆薬をしかけた*[13]」と述べ、「米国防長官が述べたような力の行使の兆候が出しだい、油田は爆破されよう。外国からの脅しに対して領土を守る権利をどの国も持っている*[14]」と反発した。

アラブ産油国は、国際石油資本への対抗姿勢を一段と高めた。一月一八日にクウェート政府は、自国で操業している国際石油資本各社の有する石油採掘権の一二・五％にあたる利権分を原油で受け取り、これを国際入札にかけ自国の利益にすることを決定した*[15]。さらに一月二九日には、クウェートは、米国系ガルフ・オイル及びBPとの間に、クウェート石油会社の権益六〇％を国有化することを内容とする新協定に調印をした。サウジアラビアは、一月二三日にアラビア・アメリカ石油（アラムコ）の米国人社長を追放する強硬措置をとった*[16]。

アラブ産油国の対米石油禁輸政策も継続された。一月一七日にエジプト・イスラエル両軍の引き離し協定が結ばれ、ニクソン大統領やキッシンジャー国務長官は、アラブ産油国による対米禁輸はまもなく解除されるとの見方を明らかにしたが、一月二二日にカイロで開催されたOAPEC・アフリカ諸国閣僚合同会議で、対米禁輸政策の継続が決定されたのであった。サダト・エジプト大統領は、エジプト・イスラエル兵力引き離し協定の調印後、対米禁輸の解除を産油国に働きかけたものの、サウジアラビアのファイサル国王はイスラエルが占領地から完全撤退するまでは禁輸政策を継続することに固執した。他の諸国もサウジアラビアに同調した結果、対米禁輸政策の継続が決定された＊17。

ワシントン石油消費国会議を前にして、産油国による消費国への批判は一段と高まった。二月四日、「ファイサル・サウジラビア国王とサバハ・クウェート元首は、『対米石油禁輸を、米国がイスラエル軍の撤退を保証するまで継続する』と言明した」と、クウェートの『アル・ライ・アルム』紙は報じた＊18。二月五日、ヤマニ石油相は、日本訪問の帰途立ち寄ったベイルートで、「対米石油禁輸の早期解決をニクソン米大統領に約束したというアラブ国家を知らない。サウジアラビアの禁輸解除に対する態度は他のアラブ産油国と同じものだ」と語った＊19。同日、チューリッヒに滞在しているパーレビ・イラン国王は、英紙『デーリー・テレグラフ』の単独会見で、「石油消費国会議で産油諸国と対決を図るような試みが行われれば、消費諸国は現在を上回る石油供給削減に直面しよう＊20」と警告したのであった。

③欧州諸国の対応

すでに多国間枠組み形成に向けた協力が日米間では合意されていたため、日米両国間には取り立てて問題はなかったが、欧州と米国間には、意見調整が必要であった。

欧州内は、多国間枠組み形成に関する意見が統一されていなかったのである。特にフランスは、米国がエネルギー問題を利用して欧州を支配しようとしていると考え、米国の主導を嫌い、米国とのいかなる協議も、まず欧州間で共通の戦略を形成した上で行われるべきと主張した。米国の「エネルギー・アクション・グループ構想」の提案に対し、欧州各国は消費国間の協力の必要性を認識していたため、フランスを除いて概ね協力的な態度を示したが、構想実現へ向けた協力をＥＣの統一見解としてまとめあげることは難しかった。

英国は、米国の提案を好意的に受け止めた。ヒューム（Alexander F. Douglas-Home）首相は、「キッシンジャー演説の主題は、先進国及び開発途上国の双方が同様に将来直面するエネルギー問題を解決するために、産油国とも協力しつつ手を繋ぐべきであるということである。この演説は、前向きで時宜に適った政治家らしいイニシアティブを示すものである。勿論、我々としては、それに極めて注意深い検討を加えるつもりである*[21]」との談話を発表した。また英国議会においても、ヒュームは、「この想像力に富む提案を暖かく歓迎したい。この提案が戦後打ち出されたマーシャル・プランの偉大な伝統の流れに位置しているものである*[22]」と米国の提案を称賛した。英国外務省も、「本提案は石油問題解決の契機を提供する目的に叶った基礎となり得るものであり、これに積極的に応じるべきである」と判断し、産油国に参加協力を要請する必要性を指摘した*[23]。

しかし、フランスは米国の政策に異議を唱え、米国が主導権を握ることに嫌悪感を示した。例えば、ジョベール外相はフランス・インター放送で、「キッシンジャー国務長官の考えとは異なり、アフリカ・中東諸国とともに長期的開発を行う政策を考慮している*[24]」と語った。ＯＥＣＤ石油問題主席代表者会議のフランス代表も、「いかに作業を進めるかという手続き論に入る前に、二国間あるいは多数の国家間で協議しなければならない問題が多い*[25]」と米国主導の多国間枠組みについて否定的な含みをもって語った。

実際のところフランスの主張どおり、多国間協調とはいえ「エネルギー・アクション・グループ構想」は米国の優位性を背景にした米国主導の多国間協調の枠組み構築であることは明らかであった。石油危機が発生する以前から、ニクソン政権は、米国の経済力が相対的に衰退しているとはいえ、未だ優位にある状況のなかで、欧州との政治・経済・安全保障問題を包括した枠組み構築の可能性を模索していたのである*[26]。特に石油問題は、欧州諸国や日本と比べて、米国が依然として優位性を残している領域であった。米国内のエネルギー自給体制は低下傾向にあったが、一九七二年の石油輸入比率は二八％と、欧州諸国や日本とは比較にならないほどの高い自給体制を維持していた。さらに国際石油資本の支配力が衰退してきたとはいえ、多数の米国系国際石油資本による石油資源支配と輸送・精製・販売に至る総合的な影響力を考慮すれば、米国の資源面での優位性は確固たるものであった。

このような米国の資源面での優位性を背景に、米国主導の多国間協調枠組みを米国が目指していたことは、キッシンジャー国務長官の発言からも明らかである。キッシンジャーは、エネルギー問題に関して、「米国は大きな困難を伴いながらも単独で解決することができるが、欧州は単独では全く解決できないものである*[27]」と欧州の立場の弱さを指摘した。さらに「無制限な二国間取引の競争は、関わるすべての国にとって破滅的なものになると信じている。それゆえ、我々は、この競争で他のどの石油消費国よりもよい立場にあり、いかなる潜在的競争者よりも競争に耐え抜く能力を持っているにも拘らず、国際的安定と国際経済に非常に深刻な結果をもたらさないよう消費国間の共通ベースで問題を解決しなければならないと理解している*[28]」と米国の優位性を前提に多国間枠組みを構築する必要性を語ったのである。

このような米国の意図にフランスが強く反発したことで、ＥＣの統一見解をまとめることは難しくなった。しかし一月一八日までには、西ドイツと英国は、石油消費国会議への参加を米国に知らせた*[29]。ＥＣは、最終的にはフランスの主張を取り入れ、「この会議は政策を決めるものであってはならず、産油国を含む重要な話合いを進めるための意見交換の場とするべきで、消費国団結や新しい組織を作ることには反対する」という趣旨の統一見解を取りまとめ*[30]、フランスもこの会議への参加を決定した。

④日本の対応と方針決定

石油消費国会議へ向けた日本政府の基本的方針は、産油国に対して、この会議が消費国と産油国の対話を目的としたものであることを強調し、米国に対しては、産油国の立場により大きな配慮を示すよう促すことであった。

一九七四年一月九日、シュースミス駐日臨時代理大使は、田中首相に宛てたニクソン大統領からの書簡を外務省に届けた。それは、一九七四年二月一一日もしくはその週に外務大臣レベルで開催されるワシントン石油消費国会議への招請状＊31であった。その招請状を受け取った宮崎経済局長は、すでに日本政府が米国提唱の会議に参加する立場を固めていたことから、閣僚の了解をとりつけるために関係者に連絡をとった。当時、田中首相は日本を離れ、東南アジアのタイを訪問中であった。そこで同行していた鶴見清彦外務審議官に連絡し、田中の了承を得た。風邪で床に伏していた大平外相には、宮崎は電話で連絡して了解を得た。日本を不在にしていた三木副総理と中曽根通産相については連絡がつかなかった＊32。

一月一一日、日本政府は閣議で、ワシントン石油消費国会議に参加することを決定した。二階堂官房長官は、この参加決定に関する説明を行うにあたり、「この会合が産油国と消費国との間に調和ある関係を作り出すための第一歩となることを期待する＊33」というアラブ側に配慮した談話を発表した。続く一月一四日、日本政府は田中角栄首相の名で、「米国の招請を受諾し、代表を派遣する」旨をニクソン大統領に伝えた＊34。この文書には、「産油国と石油消費国がともに事態の改善のために話合いを行う機は熟していることから、ワシントンにおける主要消費国間の会合が、産油国と消費国との間の調和ある関係を作り出すための第一歩となることを期待する」という日本政府の外交方針が記載されていた。すなわち日本政府は、米国が提唱する多国間枠組みの構築に向けて協力する姿勢を示すと同時に、石油消費国会議での決定事項が、産油国を刺激するようなものであってはならないとする外交方針を表明したのであった。

つまり日本政府は、ワシントン石油消費国会議が産油国との対決的な色彩を帯びないようにすることを参加国に対して働きかける一方で、消費国の一員として、消費国全体としてアラブ産油国に対する交渉力を強化するとの見地から、少なくとも基本的ラインについての消費国間のコンセンサスを作り上げることを目指したのである*35。このような方針は、一月一六日の外務省の黒田瑞夫情報局長による表明や、一月二一日の外務省経済局によってとりまとめられた「ワシントンで行われる石油消費国会議に臨むにあたっての日本の対処方針」でも示された。日本政府は、「この会議が産油国との建設的な対話実現の契機となり、且つ、エネルギー問題の妥当な解決策についての国際的コンセンサス作りの第一歩となることを目指し、この目的達成に極力貢献することを日本の基本的態度とすること」を方針としたのであった*36。

このように日本が多国間協調外交の基本方針を固めた後の一月二七日、OPECを代表してヤマニ・サウジアラビア石油相とアブデッサラム・アルジェリア工業相が来日し、三閣僚（大平外相、福田赳夫蔵相、中曽根通産相）と会談を行った。会談の席で、ヤマニは、「米国の考えは、消費国の考えを一つにまとめあげ、石油の価格、供給及びオイルダラーにつき一つの考えを打ち出し産油国に強制することにある」との認識を示し、米国系の国際石油資本の支配力を維持させようとする米国の意向に従うべきではないと語った。しかし、ヤマニはその一方で、「ワシントン会議に出席するが産油国との対決は絶対に避ける」とする日本側の姿勢に対しては否定的な態度をとらず、石油問題を解決するために石油消費国と産油国が交渉を行うことを希望しているOPEC側の立場を伝えた*37。こうしたアラブ側の立場は、石油の安定的な供給確保のためには産油国と消費国との調和ある関係が必要だと強調する日本政府の外交方針が妥当なものであることを再確認させるものであった。

一九七四年二月五日、大平外相・森山欽司科学技術庁長官をはじめとする代表団が形成され、二月七日にはワシントン石油消費国会議に臨む日本の方針が、関係大臣出席の上で確認された。その方針は、「幅広い国際協調体制の樹立の第一歩として、産油国の国づくりへの協力、石油資源枯渇後に対するアラブの不安感に対する暖かい共感と理解を示し、産油諸国の経済、社会開発、工業化の推進に二国間または多国間で協力する姿勢を打ち出すことが重要である。こうした協力の推進が石油の供給増大、供給条件改善にも資するものである」というものであった＊38。

他方米国も、日本が外交方針として謳った「産油国との対話重視、エネルギー問題の解決過程に産油国も含むべきとする方針」に対して同調姿勢をとった。さらに米国は、日本の中東外交に理解を示し、それに対する批判的なコメントを差し控えることにし＊39、「米国は産油国との対立を望んでいないし、日本が希求していた日米欧による枠組み構想がワシントン石油消費国会議として実現し、この会議が石油消費国だけでなく産油国も含めたすべての国を助ける結果となることを期待している」と日本に伝えたのであった＊40。

しかし、日米間には、産油国に対する認識の違いがあった。米国は、産油国と消費国がともに相互依存を認識し誠実に交渉することの必要性を認めながらも、依然として産油国が再び石油を政治的武器として用い、消費国に対して脅威を及ぼすことになるのではないかと懸念していた＊41。米国は、この懸念に対して日本の理解を求めた＊42。このような産油国に対する日米の認識の違いは、ワシントン石油消費国会議やその継続機関であるエネルギー調整グループにおいて、日米間の問題となる。

要するに、ワシントン石油消費国会議に臨む日本の基本的態度は、消費国と産油国との対話路線を掲げ、米国の産油国との対決姿勢を緩和させると同時に、日米協力関係を前提として先進消費国間の協力を推進することであった。

（３）ワシントン石油消費国会議における日本外交

①関係各国の利害対立と日本の対応

一九七四年二月一一日、ワシントン石油消費国会議が開催された。この会議には、米国、英国、フランス、西ドイツ、ベルギー、ルクセンブルグ、オランダ、デンマーク、イタリア、ノルウェー、アイルランド、カナダ、日本の一三カ国の代表と、ＯＥＣＤ事務局長及びＥＣ理事会長と同委員会委員長が集まった。日本からは、大平外相、森山科学技術庁長官をはじめ、外務省から鶴見外務審議官、宮崎経済局長、通産省から工業技術院院長、資源エネルギー庁次長、通商政策局部長、それに経済企画庁、科学技術庁からの参加も加わって、総勢三二名の代表団が会議に派遣され＊[43]、代表団は、この会議が消費国と産油国との調和ある関係樹立の第一歩となることを目指した。

他方多くの産油国は、この会議を産油国に敵対するものとして捉えた。会議の開催当日、ＯＰＥＣのケネ事務局長は、消費国グループの結成を産油国との対決に繋がるものであるとして牽制した＊[44]。リビアは、ワシントン石油消費国会議をアラブへの圧力と見做し、同国で操業している米国系石油会社三社（テキサコ・オーバーシーズ、リビア・アメリカン、エイジアン）の完全国有化を発表した＊[45]。

産油国の国際石油資本に対する影響力の増大に鑑みれば、中東外交を展開し産油国との直接取引（ＤＤ）原油の割合を増やすことは、日本の今後の石油政策にとって欠かせない行動であったが、輸送、精油、マーケティングの面から考えれば、国際石油資本の影響力を無視することもできなかった。価格面においても、国際石油資本から購入する石油の方が、ＤＤ石油よりも安かったのである＊[46]。このように産油国と国際石油資本双方に対処するためには、日本政府は、アラブ側の反感を買わず、さりとて国際石油資本の役割を軽んじないという立場をとらなければならなかった。そこで日本政府は、国際石油資本の役割を重要視する米国との協調関係を崩さずに、日本独自の案をこの会議で提唱することを決定した。

会議の日程は、一日目にキッシンジャー国務長官及び各国首席代表の冒頭発言、二日目午前に全体会議の継続と各国代表の発言、それと並行して、三分科会（研究開発、経済・金融、エネルギー）の開催、昼食会を挟んで、午後に閣僚レベルの協議と全体会議の再開、そして米コミュニケ案が正式に提案され、それをコミュニケ起草委員会に付託、三日目午前に全体会議と再度コミュニケ起草委員会、午後に全体会議でコミュニケを採択し発表するという形で進行した。

この会議の特徴は、石油をめぐる各国の立場の違いが表面化したことであった*47。主導権を発揮しようとした米国、それに反発したフランス、その両者の対立に伴って表面化したEC内部の微妙な対立、そしてアラブ産油国とこの消費国との狭間で中間的立場をとらざるを得ない日本、その四点の立場が浮き彫りになったのであった*48。特にこの会議では、フランスの攻撃的な姿勢が目立った。フランスは、対米協調路線を唱えた西ドイツに対して、会議直前のEC外相会議においてフランスの方針を取り入れ、EC加盟国がエネルギー問題に関して共同行動をとるという緊急宣言*49をしていたにも拘らず、西ドイツは裏切ったと厳しく批判した*50。さらにフランスは、米国との対立姿勢を強めた。

これに対して米国は、ワシントン石油消費国会議でワーキング・グループを作り、次にOECD加盟国のスイスやスペイン、それに発展途上国の代表を加えた拡大消費国会議を招集し、その後、産油国との会議を開催することを提案した。それに対しフランスは、エネルギー問題や経済問題における国際協力の必要性を認めるものの、消費国と産油国との対決を印象づけるいかなる会議にも反対する立場をとり、ワシントン会議の制度化に反対した。会議においてニクソン大統領は、「自由世界は、これまで安全保障、通貨、貿易問題に一つのユニットとして行動してきたのに、エネルギーのみが個別の解決に委ねられるのは承服しがたい＊51」と米国の立場を表明した。しかし、それに対しジョベール仏外相は、「米国は、二国間取引に国際的な枠をはめようとしているが、それは誤りである。産油国が経営参加の権利としてもらう参加原油の一部は、産油国の自由処分に委ねられている。自由化された石油の取扱いについて、とやかく議論するのは筋違いではないか＊52」と米国を非難した。

ジョベール仏外相は、今回の米国が提唱するいかなる新しい組織にも参加しないこと、及び会議は「政策を作る会議」ではなく、「産油国と消費国が両方参加する会議の前奏であるべき」と強く主張した。ニクソン大統領は、「(二国間取引は)短期的には成功するかもしれないが、長期的には世界に災難を招く」と語り、会議に参加している各国が二国間取引を積極化させる動きに対し警告を発した＊53。そして、会議は行き詰った。

この激しい米国とフランスの対立のなか、大平外相は、折衷案を提示することで事態を打開しようとした。日本は米国の主張する「会議の継続の必要性」を認め、フランスの主張する「消費国と産油国の対決を印象づけるような会議になることは望まない」との立場を認める日本案を提示したのである。それは、全体的な国際協調の立場に立ってそれと両立できる二国間取引は権利として保留する、次の会議の準備段階から産油国を含める合同会議を開催する、それも早い時期に開くべきであるという趣旨のものであった。しかしながら、大平による折衷案の提示後も、激しい討論が続いた。米国が提案した継続機関の設置について、フランス一国だけが反対する不利な立場であったにも拘らず、ジョベール外相の強い反対姿勢により調整は難航した。そのため、一一日に予定されていた共同声明作成に入ることができなかった＊54。

すべての国が合意した事項は、「新しい資源・技術開発の国家プログラムの推進」、「国際石油資本の役目」、「産油国と消費国との協力関係の推進」を求める声明であった。他方で、エネルギー備蓄、緊急割当システム、供給の多様化、研究開発等の協力プログラムの推進や、この会議に続く調整グループの設立にはフランスが反対を押し通した。大平外相は、改めて次の会議の準備段階から産油国を含める合同会議とするべきであり、しかも早い時期に開くべきだと主張し、この線に沿ってフランスを説得し妥協を求めた。しかしフランスは、日本案を評価しながらも、継続機関を設けるべきではないとする立場を固持した。

ワシントン石油消費国会議の継続機関に関するフォロー・アップの事項についても、大平外相は、産油国に配慮すべきとする日本の方針を主張した。このフォロー・アップについては、フランスが反対したのでEC内の調整が不可能となりEC案が提出できなかったため、米国案を基礎に討議が行われた。大平は、自ら一二日の昼食会の席上で①産油国・消費国会議をできるだけ早い機会に開催する、②既存の国際機関が行なっている仕事をモニターあるいは分析する、③必要に応じて産油国の代表も招かれるべきであるとの点を強調する日本案を簡潔に提案した。この日本案については、米国・フランスを除くほとんどの国が賛成した*55。

そこで、米国は日本案の考えを取り入れて、まず拡大消費国会議を開催し、その後産油国・消費国会議の開催に繋げる旨の改定案を提出した。結局一三日の全体会議には、これら米国改定案、日・加案、及び機構は一切作らないとするフランス案の三案が残った。キッシンジャー国務長官はあまりにも早急な産油国・消費国会議の開催は望ましいことではなく、事前の準備手続きとして調整グループの設立、拡大消費国の開催が重要であるとする米国案を提示した。しかし大平外相は、日本政府の方針である産油国に対する配慮を示すことをあくまでも強調したのである。大平は、拡大消費国との接触は必ずしも会議によらなくても成し得るものであり、産油国・消費国会議をできるだけ早く開催することを希望する旨を語った。

米国案と日本案に対する折衷案が、ヒューム英外相とシェール（Walter Scheel）西独外相より提示された。それは、調整グループの任務として産油国・消費国会議の準備を行う点を前面に打ち出し、拡大消費国会議開催の可能性は排除しないというニュアンスを織り込むという案であった。こうして「産油国との会議を行うが、もしその前に拡大消費国会議が必要となれば同会議を開催する」と謳う日米両案の妥協案でまとまることになった。日米両国もこの折衷案を受け入れた。フランスは、ワシントン会議の制度化に反対する立場から留保した*56。

このような経緯によって、共同声明のなかのフォロー・アップの項には、「調整グループ」の任務として、産油国・消費国会議の速やかな会合の準備を含めるよう提案した日本の主張が取り入れられることになった*57。当初の米国案では次の会議に産油国を含めることは考慮されていなかったのである。

②日本の役割と米国の反応

これまでの過程をみると、この会議に臨むために掲げた産油国に配慮する日本の基本方針は消費国会議の中で貫かれたことがわかる。しかもフォロー・アップの項に日本案が取り入れられたことは、今後の産油国との関係構築に好影響を与えるものと考えられた。外務省北米第二課では、会議のフォロー・アップについて、「日本としては産油国・消費国間の対話をできるだけ早く開催することが緊要であるとの観点から、これを準備するための調整グループの設置に賛成した。これにより、この会議が産油国と石油消費国間の建設的な対話の早期実現を図る契機となることが可能になった*58」と考えたのである。

共同声明の内容は、第一項が要約、第二項から第六項までが情勢分析、第七項から第一五項までが一般的結論、第一六項、第一七項がフォロー・アップ機構の設置に関するものであった。

一般的結論の骨子は次のとおりである*59。

1．国家政策の推進に当たっては、一方における各国の利益と、他方における世界経済制度の維持と調和を図るべきである。（第七項）
2．他の消費国、産油国を含めた国際協力を実質的に増大させることが重要である。（第八項）
3．世界のエネルギー問題に対処するためエネルギーの保全、緊急時における割当、エネルギーの研究開発を含む総合的行動計画が必要である。（第九項）
4．現在のエネルギー情勢の経済上及び通貨上の波及効果に関し、ＩＭＦ（国際通貨基金）、世銀、ＯＥＣＤの作業を促進する。（第一〇項）
5．新エネルギー源及び技術に関する各国の計画を促進する。（第一一項）
6．国際石油会社の役割を詳細に検討する。（第一二項）
7．エネルギー開発の一環として、自然環境を維持・改善することが引き続き重要である。（第一三項）
8．数量及び価格に関してエネルギー供給を安定化する問題につき、産油国及び消費国との技術的情報を交換する用意がある。（第一四項）
9．エネルギー及び一次産品を討議することに関する国連におけるイニシアティブを歓迎する。（第一五項）

この共同声明のなかで注目すべき点は、会議開催の前日一〇日の大平・キッシンジャー会談で、共同声明のたたき台として提出された米国案と比べると、産油国に気を配った表現が多く使われたことであった*60。例えば、石油価格問題について、米国案に記載されていた「高すぎる」との表現は消えていた。二国間取引についても、米国案は「貿易、通貨及びエネルギー分野における各国ばらばらの抜け駆け的行動は各国間の過当競争をもたらし、国家の関係にも悪い影響を与える」と非常に強い表現で記載されていたものが、大平外相が演説したラインで表現が弱められ、「世界経済制度の維持との調和を図る」という表現で共同声明の第七項に記載された*61。

また、国連におけるイニシアティブを歓迎する項目が第一五項に入ったことは、日本がアルジェリア提案の資源一般及び開発に関する国連特別総会の開催を支持する立場をとっていたことに鑑みれば、日本の方針に沿うものであった*62。

会議において最大の焦点となったフォロー・アップ機構については、各国の政府高官によって構築される調整グループの設置として合意が成立した。大平外相は、会議において、調整グループに賛成する日本の立場を「産油国・消費国間の対話をできるだけ早期に開催することが緊要であるとの観点から、このための準備は、その主な任務を果たすものである」と説明し、産油国との対話路線を強調した*63。

このようにワシントン石油消費国会議において、日本は国際的な枠組み構築に向けて積極的な役割を果たした。産油国との軋轢を避ける政策を一貫して主張し続け、先進国間だけでなく産油国・消費国間の協調、国際石油市場安定のための国際的な制度確立への協力体制、これらの政策を総合的に展開することが資源小国日本の新たな石油政策となったのである。

ワシントン石油消費国会議終了後、大平・キッシンジャー会談が開かれた。この会談は、多国間協調の枠組み構築に向けた日米間の協力をさらに推し進めることを確認するものとなった。

キッシンジャー国務長官は、大平外相が会議において担った建設的な役割を高く評価し*64、特にキッシンジャーは、一二日の昼食会で大平自ら提示した内容が効果的であったことを指摘し、フォロー・アップについても、今後とも密接な連絡をとりつつ十分協力していきたい旨の発言をした。これに対して大平は、「最終的なコミュニケが、米国としては当初の予想以上に譲ったとの感をもっていないか」とキッシンジャーに尋ねたが、キッシンジャーは、今後の継続的な枠組みである調整グループの設置が決定されたことをより重視していた*65。キッシンジャーは、フォロー・アップについて関係国の政府がいかなる意思を持つかが問題であるとし、今後のさらなる日米の協力を推し進めることを期待したのである*66。

こうして日本は、米国との協力関係を前提に取り組んだ多国間協調において、時には米国に立場の修正を促し日本独自の方針を貫いた。このような外交方針は、これ以後の多国間協調外交においても生かされることになる。

2　具体的作業のためのエネルギー調整グループ会合

（1）エネルギー調整グループ会合の始動

一九七四年二月二五日、日本政府は、鶴見外務審議官を代表とする関係各省の関係者をエネルギー調整グループ（ＥＣＧ）の第一回会合に派遣した。ＥＣＧは、ワシントン石油消費国会議において与えられた付託事項に基づいて作業を進めるもので、節約、追加的エネルギー源の開発及び緊急割当、経済通貨措置等を検討する会議であった。

第一回の会合は、次回から具体的な作業を進めるための一般的な協議であった。この協議に出席した鶴見外務審議官は、日本の新たな外交方針に基づいた日本の原則的立場を表明した。資源小国の日本にとって、産油国と消費国の関係構築は重要な課題であり、産油国との対話路線の上に立った多国間協調が必要であることを踏まえ、次の点が強調された*67。

①産油国との話し合いに向けた過程を促進することが肝要で、この点に主眼を置くべきこと。

②作業を進めるにあたり、なるべく既成機関を多く活用すべきこと。

③フランスの参加復帰を可能とするよう配慮されるべきこと。

三月一三、一四日の第二回会合からは、ＯＥＣＤ本部のあるブリュッセルに場所を移して協議が進められた。具体的には、ワシントン石油消費国会議で採択されたコミュニケの第一六、一七項で示されたフォロー・アップ機構の設置に関する内容を具体化するための作業及び今後のスケジュールについての協議が行われた*68。日本政府は、これらの事項の検討は産油国との対話の早期実現を妨げない範囲で行い、検討課題と併せて産油国との対話への準備を進めることを方針として掲げ、検討作業に入った*69。

第二回会合で決定されたことは、第一回調整グループの会合で米国側より提案された九分野の付託事業に関する討議をどこの部署で行うかであった。協議の結果、「エネルギー消費節約・需要抑制」、「既存のエネルギー源開発」、「緊急時石油融通」については既存の国際機関を利用し、「代替エネルギーの研究・開発」、「ウラン濃縮」、「国際石油資本の役割」については、作業グループを設立して討議することで合意され、付託事項の中心的課題ともいえる「産油国との関係」及び「開発途上国との協議」については当面一本化し、調整グループ自身で扱うことが決定された*70。続いて、次回会合の検討課題が協議され、英国が「たたき台」として「産油国との合同会議」のための事前段階における種々の代案を作成することとなった*[71]。また全付託事項の作業も並行して進めれ、五月末を目途に討議結果をとりまとめることになった*[72]。

そのような状況のなか、ＯＡＰＥＣは、三月一八日、イタリア及び西ドイツを友好国と認定し、且つ、米国への禁輸を解除した*[73]。これは、石油を政治的武器として使用する戦略が事実上放棄されたことを意味した。アラブ側が要求していたイスラエルの完全撤退及びパレスチナ人民の自決権の尊重が達成されてはいなかったので、再び状況が悪化する懸念が払拭されたわけではなかったが、アラブ諸国が石油戦略によって消費国に与えた経済的打撃が産油国自身に撥ね返り、アラブ諸国が大きな経済的打撃を受けたことに鑑みれば、今後大幅な石油供給削減の戦略が復活する可能性は低いと考えられた。石油の価格動向も鎮静化の兆しが見え、石油危機は終息に向かうものと予測された*[74]。その影響は、日本のこれまでの政策に微妙な変化をもたらした。四月二日、第三回会合に先立って日・英間で（後にデンマークも加わって）行われた予備協議で、鶴見審議官は、米国のように極端に慎重な立場をとるものではないが、産油国・消費国会議を必ずしも急がないことを表明したのである*[75]。だが、産油国・消費国会議開催の必要性を強調する従来の姿勢を相対的に弱めたとはいえ、日本政府の基本方針に変化があったわけではなかった。

四月三、四日に開催された第三回調整グループの会合で、米国は、緊急時の総合的対策に言及した「ドナルドソン・ペーパー*[76]」を提出し、実質的な諸問題について消費国の立場を固めてから産油国と消費国との会議は開かれるべきとの立場とった*[77]。しかし、日本の主張は、産油国との対話の早期実現を妨げない範囲で諸問題の話し合いを行うべきで、産油国・消費国会議は早い時期に開催すべきというものであった*[78]。

実質的討議が始まった第三回の主たる議題は、ＯＥＣＤ等の機関に付託した作業の進捗状況に関する報告、消費国、産油国及び開発途上国との関係、国連特別総会のエネルギー面に関する意見の交換等であった。産油国との関係については、英国が提示した案に、日本とデンマークとの協議結果をまとめた案が提示された。この検討過程において、産油国との対話を前提とする前に消費国側の一貫した行動について合意されなければならないとする慎重論が浮上した。日本は、この慎重論に反論し、ワシントン会議以降既に二カ月が経過しており、早い時期に産油国・消費国会議を開催する必要性を改めて表明したのであった*79。

日本は、産油国に配慮する方針を引き続き強調した。そして参加国の多くから、「ドナルドソン・ペーパー」は産油国との対決の感があると懸念する意見がでてきた*80。産油国との関係に配慮する必要性が大きく取り上げられるようになった状況下、四月五日に米国とサウジアラビア間に経済・技術・軍事協力に関する合意が成立した。最大の石油輸出国であるサウジアラビアと米国間に二国間取引の合意が交わされたことは、産油国と消費国間の友好関係を作り出す重要な第一歩となった*81。産油国との「対決」ではなく、「対話」路線が大きく進展すると予想されたため、五月二、三日の第四回の会合では、エネルギー調整グループ（ＥＣＧ）の当面の主要目的を「総合的緊急計画」の策定とすることに決まった*82。

（２）総合的緊急計画から国際エネルギー機関の設立へ

六月一七、一八日の第五回会合の前に、ＯＥＣＤはＥＣＧからの要請を受け入れ、ＯＥＣＤの傘下に「エネルギー消費節約・需要抑制」、「既存のエネルギー源開発」、「緊急時石油融通スキーム」のグループが設置されることになった。各グループは五月下旬にはそれぞれ検討を終了し、報告書を第五回会合に提出することになった＊83。この時期になると、米国に対する石油禁輸政策も終了し、米国とサウジアラビアの二国間取引も開始され、産油国と消費国との緊張関係は緩和していった。さらに幸いなことに、産油国側が消費国側に柔軟な態度で呼び掛ける動きが見られるようになっていた。六月七日、ケネＯＰＥＣ事務局長は、パリで開かれている第一回世界資源シンポジウムで、石油生産諸国は消費諸国との対話に応じる用意があると演説したのであった＊84。

この産油国との間の緊張緩和の動きに乗じて、米国は、ＯＰＥＣやＯＡＰＥＣの結束が弛緩していることの機会を逸しないうちに日米欧の強固な連合体を結成し、緊急時に機能する制度を平時のうちに備えるための政策（総合的緊急計画 Integrated Emergency Program）を作成することを提案した＊85。

六月一六日、第五回会合のための日米事前協議が行われ、米国が提案する総合的緊急計画（ＩＥＰ）に関する協議が行われた＊86。日本は、ＩＥＰに関する提案に対して産油国との対決に繋がる恐れがあるのではないかと指摘した。それに対し、米国は自国の提案が産油国の怒りを買うものではないと主張した。米国は、「米国案は、ＩＥＰは何をすべきかを問題としているのであって、産油国に注文しているわけではない。緊急時措置発動の要件は供給削減に限定することなく、天災、政変、事故による海上閉鎖も含めるものである。それ故、米国案は産油国との対立を意味しない」と主張した＊87。

このような意見の相違を踏まえ、六月一七日、第五回会合が開催された。米国からの総合的緊急計画（ＩＥＰ）案について、日本は、産油国との対決姿勢が強く、もしこの提案がほぼそのままの形で採択され実施されるとすれば対産油国を含め広く国際関係に重大な影響を及ぼすとの懸念を抱き、慎重に取り扱わなければならない問題であると考えた＊88。米国の提案に対して、ほとんどの参加国は原則的に賛成したが、ノルウェーは消極的な態度をとり、カナダは沈黙を守り、日本は全面的留保をとった＊89。

このように日本が米国提案に対して全面的留保をとった理由は、二つの点に集約される*90。第一は、当然のことながら産油国に対する配慮であった。日本は、石油輸入依存度、エネルギー・石油の使用形態、中東産油国に対する影響力等の点で、米国とは勿論のこと西欧諸国よりも脆弱な立場にあった。また、日本資本の国際石油資本は存在せず、強固な独自の開発地域も保有していなかった。第二は、米国に対する配慮からの留保であった。日本は、対米協調の重要性からみて、フランスのように容易に米国との関係を断ち切って独自の道を歩める立場にないことを認識していたためである。しかし、この留保の立場を日本単独で続けることができないことは明らかであったため、日本は他国の動きを勘案して適宜対処することにした。

総合的緊急計画（ＩＥＰ）に参画するためには、参加国は、米国が提示した加入条件を整えなければならなかった。参加資格の条件は、①国内法の範囲内でエネルギー調整グループ（ＥＣＧ）によって採択された割当措置を石油会社に遵守させること、②需要抑制計画を実施し強制すること、③備蓄及び他の緊急措置の目標を達成すること等であった。日本にとっては、米国の提示した条件は厳しいものであった。例えば、備蓄目標を達成しない国は緊急時石油割当で不利な扱いをうけることになっていたが、日本は合意される備蓄目標に達成することは国内状況に鑑み難しかった。需要抑制に関しても、他の欧米諸国に比較して日本は国内経済への影響が大きいと考えられた。米国は需要抑制、備蓄、融通を三位一体として結び付ける方向にあったのである*91。

ＥＣＧ第六回の会合を前にして、こうした厳しい参加資格条件に関する日本国内のコンセンサスを得られるかという問題が浮上した。日本国内の慣行上、長期且つ脱退の厳しい取り決めを締結することは極めて困難であった。そのため国会を通す必要のある条約ではなく、ＯＥＣＤ理事会の決定による合意となれば、政府間協定に伴う署名等の要式行為が不要となることから、政策担当者は、加盟を確実なものとするにはＯＥＣＤ理事会の決定による合意形式となることを望んだ*92。同時に日本は、主要消費国間の協調を必要としながらも、産油国との関係については従来の方針どおり産油国への配慮を貫くことにした*93。

七月四日、吉野文六ＯＥＣＤ代表部大使は、外務省経済局資源課に総合的緊急計画（ＩＥＰ）に対する原則的支持を日本政府が表明することを進言した*94。吉野大使は、ＩＥＰの存在が産油国の発動する戦略に対する抑制効果を及ぼす点を強調し、石油の重要抑制や備蓄拡充といった参加条件は日本にとって厳しいものであったが解決不可能な問題ではないと見做したのである*95。その後、日本政府は、ＩＥＰ参加の利点を強調する方向に進んでいく*96。七月七日、翌日から開催される第六回会議前に開催された日米間の非公式事前協議において、米国側はＩＥＰの形式について上院の批准を必要とする「条約」でも、必要としない「行政協定」でもどちらでもよいと考えていると発言した。これに対して日本側は、条約の形式をとる場合は、日本は国会対策上多大な困難があると述べ、政府間協定ではなく行政協定による加盟意思を示した*97。

米国は日本のＩＥＰへの参加を大いに期待し、日本の加盟を実現させるには米国の積極的なイニシアティブが必要だと考えた*98。米国は、「もしフランスがＩＥＰを拒否した場合、米国がフランスを孤立させるのではないか、そうすれば日本が希求している日米欧の枠組み（tri-regional declaration）に支障が出るのではないか」と日本が懸念するであろうと考え、日本が最終的にＩＥＰに参加を決定するためには、日本が抱く懸念を払拭しなければならないと判断した*99。

第六回会合は七月八日から行われ、機構問題に関し、ＯＥＣＤのなかにＩＥＰに関する機構を設置し、フランス、スウェーデン、スイス、豪州、ニュージーランド等のＯＥＣＤ加盟国を含める方向で概ねのコンセンサスが形成された＊[100]。ＯＥＣＤのなかに機構を設置するか否かに関しては、先の第五回会合で日米両国の間には見解の相違があった。米国は強力な消費国同盟の結成と独自の機構設置を考えており＊[101]、ＯＥＣＤが実質的に作業を進めていけるだけの機構を作れるのか疑問視していた＊[102]。日本は、エネルギー調整グループを既存の機関であるＯＥＣＤへ引き継ぐことを望んだ＊[103]。前述したように、条約を締結するために国会に法案を提出する必要がなくなるだけでなく、既存の機関を使うことでフランスの参加の可能性や産油国に不信感を与えずに済むという利点もあったからである。したがって、ＯＥＣＤの機関を利用する方向で概ねのコンセンサスが形成されたことは、日本にとって都合がよかった。

　日本と同様に、総合的緊急計画（ＩＥＰ）構想に慎重な態度を持してきたノルウェーやカナダも前向きの姿勢を見せ始めた。他国の動きを把握して適宜に対処する方針をもっていた日本政府は、ＩＥＰ構想への参加条件が厳しい点を検討課題として残したが、エネルギー危機、石油供給削減に対する最小必要限の消費国間の協力体制、ひいてはＯＥＣＤ加盟国との協調維持の見地から、この構想に参加する方向を固めつつあった＊[104]。第七回会合を前にして、日本政府はＩＥＰ参加の利点と問題点を掲げた。ＩＥＰで掲げられる需要抑制と備蓄の拡充は、石油消費の産業構造が高い日本には厳しい条件であったが、日本政府は、エネルギー問題は単独で解決できる問題ではないという利点を重視した＊[105]。

　第七回会合は七月二八日から行われ、総合的緊急計画を中心に集中的な協議が進み、前回大筋で合意した内容がさらに細目にわたって検討された。その結果、ＩＥＰ作成に関する合意が成立した＊[106]。さらに、従来から日本が主張してきた産油国との対話の重要性についても、もっとこれを強調するべきとの意見が多く出たのである＊[107]。また日本は、ＩＥＰがＯＥＣＤの枠内で実施される以上、ＩＥＰをＯＥＣＤ理事会決定による合意とするべきと主張し、ＩＥＰ実施機関のメンバーシップや票決方法等の合意形式に関する協議に臨んだ。しかし、ＩＥＰ実施機関のメンバーシップや票決方法に関しては合意に至らず、個々の点について様々な留保が付され、九月初めにさらなる検討を行うことになった＊108。こうして七月三一日に、第七回会合は閉会した。

第八回会合は九月一九、二〇日に行われ、協議はいよいよ最終段階に入った。緊急時の石油相互融通を目的とする国際エネルギー計画（International Energy Program）の合意形式及び内容について集中的な協議が行われた＊109。会合において米国とデンマークは、ＯＥＣＤ理事会が決定を行わなくても国際エネルギー計画（ＩＥＰ）が独立して活動しうる余地を残すべきと主張した。それに対して日本とカナダは、ＩＥＰはＯＥＣＤ理事会決定によってのみ拘束されるとの原則的立場を主張した。折衝の結果、米国が歩み寄り、議長がとりまとめることとなり、デンマーク起草協定案を踏まえた日本の修正案を一部改定することで合意をみるに至った＊110。このように日本政府がＯＥＣＤの権限にこだわった理由には、従来の機関を利用することで、産油国への配慮やフランスの参加の可能性を考慮していたからであった＊111。また日本政府は、第八回会合に臨む際にも、産油国との関係においては従来の方針を踏まえ、エネルギー調整グループが産油国に対し対決姿勢とならないよう努めることを方針として掲げていた＊112。

一〇月九日、中曽根通産相は、来日中のレネープ（Emile V. Lennep）ＯＥＣＤ事務総長と会談を行い、対話と協調路線をとる日本の政策方針に沿って産油国との対話を進めることをＯＥＣＤに要請した＊113。このような過程を経て、一〇月二五日、日本政府は閣議で国際エネルギー機関（International Energy Agency）に参加することを決定した＊114。条約ではなく協定に署名する意思表示であることから、国会の同意を得る必要はなかった。

一一月八日の第九回会合では、参加国や対外的な発表を含む国際エネルギー機関（ＩＥＡ）設立に関する最終的な合意の形成が図られた*115。IEAへの参加を決定していた日本に対して、米国は歓迎の意を表した*116。こうして、一九七四年一一月一五日、OECDの枠内における機関としてIEAが発足した*117。続く一一月一八日、緊急時の石油融通を主な目的とした国際エネルギー計画(IEP)に関する協定が、IEA加盟国一六カ国の署名をもって成立することになった*118。

多国間協調外交の成果が結実して設立されたIEAは、日本のエネルギー安全保障にとって極めて重要なものとなった。一九八四年には、緊急時の初期段階で加盟国が協調して石油備蓄を放出する仕組みを整え、現在においても機能し、石油市場の安定にうまく寄与している*119。日本は、IEAの諸活動に積極的に参加し、二〇二一年の統計によれば、日本の拠出金は米国に次いで第二位で、全体の一三・〇六八%である。

こうして第一次石油危機を契機として始まった石油消費国間の多国間協調は、石油の安定的な供給確保のために必要な国際的制度を設置することによって、その目的を達成した。その間、日本政府は米国との協力関係を前提に参加したワシントン石油消費国会議、それに続くエネルギー調整グループという多国間協調外交の場で、産油国に配慮すると同時に、消費国の一員として積極的な外交を実践したのである。

日本が以上のような多国間協調外交を展開する上で大前提となっていたのは、日米協調関係の維持であった。その方針は多国間交渉の場でも貫かれていたが、それと並行し日米両国はエネルギー問題に関する二国間協力も模索していた。

3　多国間協調のなかの日米協力（日米エネルギー研究開発協力）

エネルギー調整グループの第六回会合でＯＥＣＤの傘下に国際エネルギー計画（ＩＥＰ）のための機構を設置することが合意され、第七回会合が始まる前の一九七四年七月一五日、日米両国の間でエネルギーに関する協力を謳った日米エネルギー研究開発協力協定が締結された。この協定は、日本のサンシャイン計画と米国のオペレーション・インディペンデンスを基礎にした研究開発の合意であり、エネルギー調整グループ（ＥＣＧ）の「石油に代わる代替エネルギーに関する作業部会」の作業の一環として締結されたものであった。

そもそもこの合意に至る契機は、一九七三年八月一日、ワシントンで行われた田中首相とニクソン大統領による日米首脳会談であった。一九七三年四月のニクソン大統領によるエネルギー教書発表以後、石油政策をめぐって日米関係に軋轢が生じると懸念されたために、それを避けようと両国間で開始された軋轢緩和策の一つがこの合意であった＊120。日米両国で共通する政策が施行されれば日米間の軋轢が減少するとの考えに基づいて、エネルギー資源に関する協力の拡大、例えば、エネルギー資源の日米共同開発促進等の政府レベルでの意見交換体制の構築や、一九八〇年代に必要とされる原子力発電によるエネルギー確保のための原子力分野における協力拡大等が具体案として掲げられた。

日米両政府は、従来からエネルギーの研究開発の必要性を認識していたことから、この田中・ニクソン会談で、新エネルギー源の研究開発のための協力を拡大させることに合意したのであった。一九七三年八月一日の日米首脳による共同声明第一一項において、「総理大臣と大統領は、日米両国民の急速に拡大する需要を満たすため、エネルギー資源の安定した供給を確保するための努力を引き続き調整していくことに合意した。両者は、この関連で、産油国との間に公正、且つ、調和のとれた関係を求め、経済協力開発機構の枠内において緊急時における石油融通措置を案出する可能性を検討し、また、エネルギー資源の探査と採掘及び新エネルギー源の研究と開発のための協力範囲を大幅に拡大していくとの共通の意図を表明した*[121]」ことが発表された。

この首脳会談後、日米両国は合同で研究開発に取り組むことになった。特に、過度な石油依存によって生じる経済的な脆弱性を抱える日本にとって、エネルギー資源確保の問題は最重要課題の一つであった*[122]。そのための重要な政策が、石油代替エネルギー源の開発であった。当時すでに国際原子力機関に加盟していた日本は、石油代替エネルギー源として原子力発電の研究開発を進めていた。しかし、原子炉の設置に対する住民の反対運動が多いことから、原子力発電とは別にサンシャイン計画を推進する準備が始まっていた。このサンシャイン計画とは、通産省工業技術院が石油の枯渇によるエネルギー危機に対処するために、太陽エネルギー、地熱エネルギー、水素エネルギー等の開発を進めるものであった*[123]。

石油危機によって生じた日本国内のパニック状態も鎮静化し、落ち着きを取り戻していた一九七四年二月一日、松本敬信工業技術院院長は、「(第一次石油危機という)今日のわが国を襲った国難ともいうべき事態にあって、決意を新たにこの計画の具体化に取り組む覚悟である」と述べ、サンシャイン計画準備本部を発足させた。そして、省内及び傘下の試験研究機関、大学・産業界等各界の協力を得て、計画を策定・実施する体制を確立した*[124]。三月二八日、通産省の省議でサンシャイン計画実施要領が決定され、四月一一日から実施されることになった*[125]。

他方米国は、ニクソン大統領による一九七三年四月の「エネルギー教書」発表に続き、六月二九日の特別声明で、エネルギー消費の節約に関する四つの政策を打ち出した。その中で、一九七五年七月一日から五年間にわたり総額一〇〇億ドルにのぼる連邦政府支出によるエネルギー研究開発を行うことが示された。この方針を踏まえて、一九七三年一一月七日、米国は、オペレーション・インディペンデンスと銘打ったエネルギー技術開発の開始を発表し*126、一二月四日、連邦政府内にサイモン財務次官を長官とする独立機関「エネルギー庁」を新設した。この「エネルギー庁」は、石油依存度を減らす五カ年計画を推進することになり、一九七四年一月二三日の「エネルギー教書」のなかでもこの計画は重視された。議会は一年目のエネルギー研究開発費として約二二億ドルを承認したのであった*127。

一九七三年八月一日の首脳会談後、米国側は、日米両国でエネルギーの共同研究開発を進めていくために、エネルギーの研究開発協力協定を締結したい旨を日本政府に伝えた*128。日本政府としても、この協力を推進することが将来のエネルギー問題の解決に寄与すると判断し、米国側の申入れに応ずることを決定した*129。

首脳会談から約一ヶ月後、日米両政府は、この協定推進の具体化の一歩を踏み出した。九月一〇日、東京で開かれるＧＡＴＴ（関税および貿易に関する一般協定）閣僚会議に参加するために来日したシュルツ（George P. Shultz）米財務長官と中曽根通産相の間で、資源エネルギー調整に関する「日米資源・エネルギー委員会（仮称）」を近日中に発足することを取り決めたのである*130。しかし一カ月も経たないうちに第四次中東戦争が始まり、アラブ諸国の石油戦略が始まったのであった。この協定交渉に関する進捗状況が公表されれば、産油国が敵対的な反応を示すのではないかという危惧が生じたため、日米両政府は、この協定交渉を国際情勢が鎮静化に向かうまでは水面下で行うことにした*131。

その後日本がアラブ諸国から友好国として認められると、日米両国はこの協力協定を促進した。一九七四年一月九日（訪米した三木副総理とキッシンジャー国務長官の会談が午後に行われる日）午前一一時三〇分、サイモン連邦エネルギー庁長官は、ワシントン滞在中の三木を宿舎に訪ね会談を行った＊132。続く二月五、六日、ワシントンで、資源や環境をテーマとした初の日米合同シンポジウムが開催され、エネルギー危機をめぐって日米がいかに協力すべきかについて、日米双方のその分野の研究者が集中討議を行った＊133。さらに一九七四年三月には、通産省工業技術院の根橋正人審議官を団長とするサンシャイン計画担当者六名が三週間、米国を訪れ、新エネルギー開発研究の最先端にあるアリゾナ、ミネソタ大学等を回った＊134。そして五月二一日、訪米中の大平外相は、ラッシュ（**Kenneth Rush**）国務次官と会談を行い、両者の間で、エネルギー開発に関する協定に向けて大筋の合意を成立させた＊135。

代替エネルギーの問題は、一九七四年二月に開催されたワシントン石油消費国会議でも多国間協力の必要性が強調され、同会議に続くエネルギー調整グループ（ＥＣＧ）の作業部会のなかに、この問題に関する作業グループが設立された。そこで、日米エネルギー研究開発協定が、この多国間協調の枠組みのなかの一環として組み入れられることになったのである＊136。ついに、ワシントンで日米エネルギー研究開発協力協定が締結される運びとなり、世界最大の石油消費国である米国と日本が提携し、エネルギー研究協力の計画を推進することになった。石油問題に関する国際的責務を日本が果たす上で、この計画が持つ意義は決して小さくはなかった。

一九七四年七月一〇日、大平外相は、「エネルギーの研究開発の分野における協力のための日本国政府とアメリカ合衆国政府との間の協定の署名に関する閣議請議」を提出し、七月一二日、この閣議請議が承認された＊137。一九七四年七月一五日（日本時間七月一六日）、ワシントンで、日本側安川駐米大使、米国側キッシンジャー国務長官の署名をもって、日米エネルギー研究開発協力協定が締結された＊138。日本政府にとって、これだけ広範囲で具体的な協力協定を他国と結ぶことは初めてのことであった＊139。

この協定は、エネルギー資源の安定的な供給を確保することについて相互の利益となることを謳ったもので、十カ条からなる協定の要綱は次のとおりである*140。

1. 両政府は、相互の利益に基づき、エネルギーの研究開発の分野における協力を維持し、且つ、強化する。
2. 協力は、専門家の会合のような各種の形態の会合、各種情報の交換、科学者その他専門家の交流、共同開発等の実施等の形態により行うことができる。
3. 協力は、エネルギー資源、エネルギーの転換及び移送並びにエネルギーの保存に関連する太陽及び地熱エネルギーの応用、石炭のガス化・液化・高性能推進方式等の相互に合意する分野において行うことができる。
4. 協力活動の細目等を定める実施取極が両政府の適当な機関の間で行われる。
5. 各政府は、協力活動に効果的に参加するために望ましいと認める国内の行政的措置を他方の政府に通報する。また、この協力の実施に関連する主要な政策事項を討議し、且つ、この協定の実施状況を検討するため、少なくとも年一回日米両国において交互に会合が開催される。
6. 協力活動から生じる非所有的性格の科学的及び技術的情報は、一般の利用に供することができる。また、協力活動から生じる特許権等の工業所有権の処理は、4にいう実施取極に規定される。
7. この協力のいかなる規定も、両政府間の協力に関する他の取極または将来の取極に影響を及ぼすものと解してはならない。
8. この協力に基づく活動は、各国の予算及び関係法令に従うことを条件とする。

9．この協定の終了は、4にいう実施取極に従って行われ、且つ、この協定の終了の日までに履行を完了していないいかなる計画の実施にも影響を及ぼすものではない。
10．この協定は、署名により効力を生じ、五年間効力を有するが、いずれの政府も他方の政府に対し、いつでもこの協定を終了させる意思を通告することができ、その場合には、この協定はそのような通告が行われた後六カ月で終了する。協定は、さらに特定の期間延長することができる。

この協定締結に伴い、早速一九七四年八月四日、米国務省国際技術局原子力室次長を団長とするエネルギー研究開発調査団が来日し一三日まで滞在した。この間、日本側は外務省の野村豊経済局次長が代表となり、双方で打合せ、協定実施の参考となるデータの収集並びに両国の関係者及び研究機関の関係構築を図った＊[141]。

石油代替のエネルギー研究開発は、その名の示すとおり石油供給の変動と密接な相関関係にあった。石油が安価に得られていた一九六〇年代には、代替エネルギーはほとんど問題にならなかったが、一九七〇年代に入り石油の需要が大きく伸びて石油に関する危機意識が高まると、代替エネルギーの研究開発は進んだ。そして第一次石油危機を経験することによって、消費国は石油代替エネルギーの必要性を強く認識し、エネルギー調整グループ（ＥＣＧ）の作業の一環として石油代替エネルギーの研究開発が加速することになった。日米両国の協力が進展したことも、このような潮流のなかに位置づけられる＊[142]。

米国は、消費国間の石油をめぐる競争が過熱することを抑止するために、多国間協調枠組みにおいて積極的な役割を果たすことを日本に求め、その上、新しいエネルギー資源の研究開発への投資等を日本に期待したのである＊[143]。

一九七四年一一月一八日は、主要石油消費国間の協調外交の努力が結実した国際エネルギー機関（ＩＥＡ）の第一回理事会が開催され、国際エネルギー計画（ＩＥＰ）が成立した日である。その日は、現職の米国大統領が初めて日本を訪れた日でもあった。対米関係を基軸とする多国間協調外交を展開する日本外交にとって象徴的な日となった。エネルギー問題は、日米両国にとって最大関心事の一つであり*144、一一月二〇日のフォード米大統領と田中首相との間で発表された日米共同声明には、国際社会の新しい問題となった資源問題に日米両国が協調していくことが謳われた*145。

このように、日米両国が石油問題解決に向けた協力を推進したことは、日米の協力関係を示す象徴的な合意であったと言えよう。

日本は、中東外交の展開を図る一方で、多国間協調外交の一環としてワシントン石油消費国会議へ参加した。その会議のなかで、日本は時には、産油国の敵対心を煽る恐れのある米国案を修正する等、産油国に配慮しながら多国間協調外交を展開した。すなわち、石油の安定的な供給を確保するために中東外交と多国間協調外交の両立を図るという新たな外交方針の下で、日本は産油国と消費国間の調和ある関係を作り出すために積極的な外交を展開したのである。

ワシントン石油消費国会議の継続機関であるエネルギー調整グループ（ＥＣＧ）においても、日本は、終始産油国に配慮する姿勢を貫き、積極的に産油国と消費国の調和ある関係構築に努めた。一九七四年二月二五日のＥＣＧの第一回会合から一一月一五日のＩＥＡ設立までの約九カ月の間には、産油国と消費国との関係にも変化が生じ、緊張関係が緩和された時期があった。米国は、産油国との間の緊張が緩和されているこの時期に消費国間の協力体制を確立させようとした。しかし日本は、米国案に賛同せず留保の立場をとった。産油国との対話路線を重要視するこの日本外交の方針は、多くの国の支持を得ることになった。このように、日本は米国との協調関係を前提としつつも産油国に配慮する方針を終始貫いたのである。

国際的枠組みの構築を目指す多国間の協調は、ワシントン石油消費国会議、続くエネルギー調整グループ（ＥＣＧ）を経て、国際エネルギー機関（ＩＥＡ）設立という形で結実した。この過程において、積極的な働きをした日本の役割は、米国も認めるところであった＊146。また、ＥＣＧのなかの「石油に代わる代替エネルギーに関する作業部会」の一環として、石油代替エネルギー研究開発に向けた日米エネルギー研究開発協力協定が締結されたことは、多国間協調外交における日米協力関係を象徴する協定であったと言える。

付記

第二次石油危機は、一九七九年のイラン革命政権による石油生産激減・同調するＯＰＥＣの影響で石油不足が起こり、世界経済の減速を招いた危機であるが、日本では国民の冷静な対応で社会が混乱することはなかった。また、二度の石油危機を経て、安定的な石油確保が我が国の最重要課題の一つであることが改めて認識された。

註

1『朝日新聞（夕刊）』（一九七四年一月四日）。

2 外務省情報公開文書北米第一課「三木副総理の訪米」（一九七四年一月二三日）。三木の訪米の内容は、この文書に依拠する。

3　外務省情報公開文書「三木副総理記者会見要旨」（一九七四年一月一四日）。
4　三木武夫「石油危機、中東に使いして」『議会政治とともに　三木武夫　演説・発言集（上巻）』（三木武夫出版記念会、一九八四年）四一二頁。
5　外務省情報公開文書北米第一課「三木副総理の訪米」（一九七四年一月二三日）。
6　外務省情報公開文書第〇一九六七号安川駐米大使発外務大臣宛電信総番号(TA)7773第一二一号「キッシンジャー国務長官及びサイモン長官の記者会見（エネルギー問題）」（一九七四年一月一〇日）。
7　同右。
8　同右。
9　同右。
10『中東年誌　一九七四年』（東南アジア調査会、一九七四年）二四三頁。
11　外務省情報公開文書安川駐米大使発外務大臣宛電信総番号(TA)R10　第一五八号「石油消費国会議に関するヤマニ石油大臣の発言（報道）」（一九七四年一月一三日）。
12『朝日新聞（夕刊）』（一九七四年一月七日）。

13『朝日新聞（夕刊）』（一九七四年一月一〇日）。
14　同右。
15　一月一八日から二七日までの中東の動きは、『中東年誌　一九七四年』二四三〜二四四頁参照。
16『中東年誌　一九七四年』二四四頁。「アラムコは売りたい相手に原油は自由に売れるし、米国にも原油を積み出す権利を持っている」という書簡をファイサル国王に提出したため追放された。

17『中東年誌　一九七四年』二四六頁。

18『中東年誌　一九七四年』二四五頁。

19『中東年誌　一九七四年』二四六頁。

20 同右。

21 外務省情報公開文書北米第二課「エネルギー行動グループ提案に対する各国の反応」（一九七三年一二月一八日）。

22 同右。

23 同右。

24 同右。

25 同右。

26 Memorandum for the President's File by the President's Assistant (Flanigan), September 11, 1972, *Foreign Relations of the United States, 1969-1976*, Vol. I, p.413.

27 *Middle East Economic Survey*, Vol.17 No.8, (December 14,1973) p.15.（アジア経済研究所蔵）。

28 Excerps from Kissinger-Simon News Conference, *Middle East Economic Survey*, Vol.17 No.12, (January 11, 1974) p.iv.（アジア経済研究所蔵）。

29 Information Memorandum, From Kissinger to the President, "Energy Conference Acceptances," January 18, 1974, DDRS, CK3100543632. (accessed March 9, 2010).

30 『日本経済新聞（夕刊）』（一九七四年一月二五日）。

31 「主要工業消費国の会合」への招請状となっているが、本書では「ワシントン石油消費国会議」の名称で記載する。外務省情報公開文書「田中総理あてニクソン大統領メッセージ」（一九七四年一月九日）。

32 宮崎弘道『宮崎弘道　オーラル・ヒストリー』（政策研究大学院大学、二〇〇五年）一五六頁。

33 『朝日新聞（夕刊）』（一九七四年一月一一日）。

34 外務省情報公開文書「田中総理発ニクソン大統領あてメッセージの要旨」（一九七四年一月一四日）。

35 外務省情報公開文書経済局「主要消費国ワシントン会議に臨むわが国の態度について」（一九七四年一月二一日）。

36 同右。

37　外務省情報公開文書中近東課「アブデッサラーム・アルジェリア工業・エネルギー相及びヤマニ・サウディ・アラビア石油鉱物相と、大平外務大臣、福田大蔵大臣及び中曽根通産大臣との会談録」（一九七四年一月二八日）。
38　外務省情報公開文書北米第二課「エネルギー・ワシントン会議、本件会議に臨むわが方対処方針次のとおり」（一九七四年二月七日）。
39　Briefing Paper, "Japan: Bilateral Paper, Minister for Foreign Affairs　Masayoshi Ohira, "February undated, 1974, Box 195, Briefing Books, 1958-1976, RG59, NA.
40　*Ibid.*
41　Briefing Paper, "Japan Energy Paper, "February 6, 1974, Box 195, Briefing Books, 1958-1976, RG59, NA.
42　*Ibid.*
43　外務省情報公開文書経済局「エネルギー・ワシントン会議について（とりあえずのコメント）」（一九七四年二月一四日）。鶴見清彦「ワシントン・エネルギー会議と日本」『世界経済評論』一八巻四号（社会経済研究協会、一九七四年四月）四頁。
44　『中東年誌　一九七四年』二四六頁。
45　同右。
46　『朝日新聞』（一九七四年二月一〇日）。ＤＤ石油は国際石油資本を通して購入するより一バレル当たり一から二ドル高いとされている。
47　両角良彦「石油消費国会議に参加して」『中央公論』（中央公論社、一九七四年四月）三八頁。
48　同右。
49　『朝日新聞』（一九七四年二月二日）。
50　「石油消費国会議とその反響」『世界週報』（時事通信社、一九七四年三月五日）二六頁。
51　両角「石油消費国会議に参加して」三八頁。

52 両角「石油消費国会議に参加して」三九頁。
53『朝日新聞』(一九七四年二月一二日)。
54 外務省情報公開文書安川駐米大使発外務大臣宛電信総番号(TA)9167 第七〇三号「エネルギー・ワシントン会議」(一九七四年二月一二日)。
55 外務省情報公開文書安川駐米大使発外務大臣宛電信総番号(TA)9685 第七四五号「エネルギー・ワシントン会議(ブリーフィング)」(一九七四年二月一四日)。
56 外務省情報公開文書安川駐米大使発外務大臣宛電信総番号(TA)9612 第七三四号「エネルギー・ワシントン会議(最終日)」(一九七四年二月一三日)。
57「石油消費国会議とその反響」二二頁。
58 外務省情報公開文書北米第二課「エネルギー・ワシントン会議の評価」(一九七四年二月一九日)。
59『経済と外交』第六二三号(一九七四年九月)二七頁。
60 外務省情報公開文書安川駐米大使発外務大臣宛電信総番号(TA)9685 第七四五号「エネルギー・ワシントン会議(ブリーフィング)」(一九七四年二月一四日)。
61 同右。
62『経済と外交』第六二三号(一九七四年四月)二九頁。日本は、エネルギー及び一次産品というより広汎な問題を世界的規模で、また特に国際連合特別総会において取り上げるという国際連合におけるイニシアティブを歓迎していた。
63 大平正芳「エネルギー・ワシントン会議に出席して」『経済と外交』第六二三号(一九七四年四月)三頁。
64 外務省情報公開文書安川駐米大使発外務大臣宛電信総番号(TA)9669 第七三九号「大平大臣・キッシンジャー長官会議(エネルギー会議)」(一九七四年二月一四日)。Memorandum of Conversation, Ohira, Yasukawa, Tsurumi, Murata, Yamazaki, Kissinger, Sisco, Sneider, Smyser, and Hubbard, "China, Korea, Triregional Declaration,

Exchange of Visits, the Midle East Situation, "February 13, 1974, Kissinger Transcripts, DNSA, No.01027. (accessed March 9, 2010).

65 外務省情報公開文書第七三九号「大平大臣・キッシンジャー長官会議（エネルギー会議）」。

66 同右。

67 外務省情報公開文書安川駐米大使発外務大臣宛電信総番号(TA)12124　第九二〇号「エネルギー調整グループ（審議経過）」（一九七四年二月二六日）。

68 片倉邦雄（経済局国際資源室）「エネルギー調整グループ　産油国・消費国対話の可能性」『経済と外交』第六二四号（一九七四年五月号）九頁。

69 外交史料館所蔵文書「第二回エネルギー調整グループに臨む対処方針（案）」（一九七四年三月八日）。

70 外交史料館所蔵文書経済局資源課「国際資源特別総会水田主席代表ブリーフィング用資料　産油国・消費国対話の可能性—エネルギー調整グループ会合」（一九七四年四月一日）。

71 片倉「エネルギー調整グループ　産油国・消費国対話の可能性」九頁。英国がその後提出した消費国と産油国との接触に関するペーパーの総括的な見解は、産油国に対してはエネルギー調整グループの真意ＰＲ程度に留め、その内容は産油国に通じても構わないものに限るよう留意することであった。外交資料館所蔵文書経済局資源課「英国ペーパー（消費国、産油国ＬＤＣとの接触）に対する取敢えずのコメント」（一九七四年三月二八日）参照。

72 同右。

73 シリアは禁輸解除に同意しなかった。リビアは禁輸解除、石油生産増大にも同意しなかった。アルジェリアは、禁輸解除は暫定的なもので、一九七四年六月一日を期限とする立場を明らかにした。また、オランダ、南アフリカ、ローデシア、ポルトガル等は禁輸解除にはなっていなかった。外交史料館所蔵文書資源課「最近の国際石油情勢」（一九七四年四月二日）参照。

74 外交史料館所蔵文書経済局経済局資源課『第二回国際資源問題担当官会議』（一九七四年三月一九日）。

75 外務省情報公開文書安倍駐ベルギー大使発外務大臣宛第四二五号「第三回ＣＧ（英国ペーパー）に関する予備協議」（一九七四年四月二日）。
76 外務省情報公開文書経済局資源課「米ドナルドソン・ペーパー（要訳）」（一九七四年四月一二日）。
77 外交史料館所蔵文書経済局資源課「経資資料七四 - 二八「産油国、消費国会議」（ＴＲＶⅡ及びＶⅢ）について」（一九七四年五月三〇日）。
78 片倉「エネルギー調整グループ　産油国・消費国対話の可能性」一〇頁。
79 同右。
80 外交史料館所蔵「経資資料七四 - 二八「産油国、消費国会議」（ＴＲＶⅡ及びＶⅢ）について」。
81 川出亮「最近の石油情勢」『経済と外交』第六二四号（一九七四年五月）二頁。
82 外交史料館所蔵文書経済局資源課「米国提案「Integrated Emergency Program」について」（一九七四年六月二二日）。
83 同右。
84 『中東年誌　一九七四年』二五九頁。
85 外交史料館所蔵文書経済局資源課「米提案ＩＥＰの検討事項（案）」（一九七四年七月一日）。
86 外交史料館所蔵文書経済局資源課「第五回ＥＣＧ会合に於けるＩＥＰ審議状況」（一九七四年六月一九日）。
87 同右。
88 外交史料館所蔵文書経済局資源課「米提案 Integrated Emergency Program に対するコメント及び対処方針」（一九七四年六月一九日）。
89 外交史料館所蔵文書「米提案ＩＥＰの検討事項（案）」。
90 同右。
91 同右。

92 豊永惠哉氏へのインタビュー（二〇〇七年一二月二一日）。外交史料館所蔵文書経済局資源課「対エンダース会議の要点（案）I・E・P関係」（一九七四年七月一三日）。
93 外交史料館所蔵文書経済局資源課「第六回エネルギー調整グループ会合対処方針（案）」（一九七四年七月四日）。
94 外交史料館所蔵文書吉野駐ＯＥＣＤ大使発外務大臣宛(TA)41567 第八七三号「エネルギー調整グループ・ＩＥＰに対するわが国の態度（意見具申）」（一九七四年七月四日）五頁。
95 外交史料館所蔵文書吉野駐ＯＥＣＤ大使発外務大臣宛(TA)41567 第八七二号「エネルギー調整グループ・ＩＥＰに対するわが国の態度（意見具申）」（一九七四年七月四日）。
96 外交史料館所蔵文書経済局資源課「エネルギー調整グループ会合におけるエネルギー総合的緊急計画策定に関する関係閣僚了解事項（案）」（一九七四年七月一七日）。
97 外務省情報公開文書経済局資源課「第六回エネルギー調整グループ会合（概要・経過報告）」（一九七四年七月一〇日）。
98 Background Paper, "Japanese Position [Integrated Emergency Program Proposal], "July 11, 1974, NSA, No.01864.
99 *Ibid.*
100 外務省情報公開文書「第六回エネルギー調整グループ会合（概要・経過報告）」。
101 外交史料館所蔵文書「米提案ＩＥＰの検討事項（案）」。
102 外交史料館所蔵文書経済局資源課「第五回ＥＣＧ会合に於けるＩＥＰ審議状況」（一九七四年六月一九日）。
103 外交史料館所蔵文書「米提案ＩＥＰの検討事項（案）」及び「対エンダース会談の要点（案）I・E・P関係」。Memorandum, From Habib to Widman, Abramowitz, Daniels, Linebaugh, Shackley, Helfrich, Smyser, Hullander, Hume, Fox, Malmgren, "NSSM-210, Review of Japan Policy for the President's Visit to Japan, "September 26, 1974, NSA, No.01878, p.34. 輸入石油の依存度が高い日本は、産油国から受け入れられやすい既

存の組織を使うことを望んでいた。
104 同右。
105 外交史料館所蔵文書経済局資源課「エネルギー調整グループ会合におけるエネルギー総合的緊急計画策定に関する関係閣僚了解事項（案）」（一九七四年七月一七日）。
106 外務省情報公開文書経済局資源課「ＩＥＰの合意形式に関する見解（その一）」（一九七四年八月二三日）。
107 外務省情報公開文書経済局資源課「第七回エネルギー調整グループ会合審議の概要」（一九七四年八月一日）。
108 外務省情報公開文書経済局資源課「第七回ＥＣＧ会合の成果の概要」（一九七四年八月二〇日）。
109 第七回会合までは、ＩＥＰは総合的緊急計画（Integrated Emergency Program）、第八回からは国際エネルギー計画(International Energy Program)として用いられている。
110 外務省情報公開文書経済局資源課「国際エネルギー計画（ＩＥＰ）合意への最終段階―第八回ＥＣＧ会合の結論」（一九七四年九月二一日）。
111 外務省情報公開文書経済局資源課「第八回エネルギー調整グループ会合対処方針」（一九七四年九月一七日）。
112 同右。
113『朝日新聞』（一九七四年一〇月一〇日）。
114 外務省情報公開文書「昭和四九年一〇月二五日「国際エネルギー機関への参加等について」の閣議了解」（一九七四年一〇月二五日）。
115 外務省情報公開文書安倍駐ベルギー大使発外務大臣宛第一五二〇号「第九回ＥＣＧ会合（全体会議）」（一九七四年一一月九日）。
116 Briefing Paper, "Issues Talking Points: The Global Energy Situation, "November undated, 1974, NSA, No.01896.
117『朝日新聞』（一九七四年一一月一六日）。

118 『朝日新聞』（一九七四年一一月一九日）。

119 一九九一年一月の湾岸戦争時には、加盟国全体で二五〇万バレル／日の石油備蓄取り崩し等を行う緊急時対応計画を予め合意し、多国籍軍の対イラク軍事活動が始まると直ぐにこの計画を発動することになった。この発動で備蓄放出や需要抑制が約一ヶ月間実施されることになり、原油価格の急騰が押さえ込まれ、それにより一九七〇年代に起きた二回の石油危機とは異なり、石油消費国の経済的影響を限定的なものとすることができた。二〇〇五年のハリケーン「カトリーナ」によって米国のメキシコ湾の石油施設が大きな被害を受けた際は、加盟国の迅速な決定により加盟国三〇カ国全体で二〇〇万バレル／日の石油備蓄を取り崩す等の結果、石油市場の混乱を回避することができた。また、備蓄取り崩しは行われなかったものの、二〇〇三年のイラクへの軍事行動の際には、加盟国間の緊密な協調と産油国との連携は、市場心理を駆り立てることにはならなかった。外務省「国際エネルギー機関（IEA）<www.mofa.go.jp/mofaj/gaiko/energy/iea/iea.html>（二〇一〇年一二月一五日アクセス）参照。また、二〇一一年六月下旬から三〇日間の予定で加盟二八カ国による石油備蓄の協調放出によって原油価格の高騰に歯止めをかけた。『日本経済新聞』（二〇一一年七月二二日）参照。

120 外務省情報公開文書資源エネルギー・チーム「総理・外相外遊関係資料　資源エネルギー問題（案）」（一九七三年六月二二日）。

121 『経済と外交』第六一六号（一九七三年九月）一八頁。

122 Memorandum, From Winston Lord, Hummel to Springsteen, "Briefing for the President on Japan," August 26, 1974, NSA, No.01871.

123 『経済と外交』第六二八号（一九七四年九月）四四頁。

124 通商産業大臣官房総務課企画室編『通産ジャーナル』第六巻第四号（通商産業調査会、一九七四年三月）一～二頁。

125 『通産ジャーナル』第七巻第一号（通商産業調査会、一九七四年四月）四八～五〇頁。

126『経済と外交』第六二八号（一九七四年九月）四五頁。
127 同右。
128 外務省情報公開文書「エネルギーの研究開発の分野における協力のための日本国政府とアメリカ合衆国との間の協定に関する閣議請議について」（一九七四年七月一二日）。
129 同右。
130『朝日新聞』（一九七四年九月一一日）。
131『経済と外交』第六二八号、四五頁。
132『朝日新聞』（一九七四年一月一〇日）。
133『朝日新聞（夕刊）』（一九七四年二月八日）。
134『朝日新聞』（一九七四年三月一〇日）。
135 外務省情報公開文書電信総番号(TA)50864 第二〇七六号安川駐米大使発外務大臣宛「一九七四年五月　大平大臣・ラッシュ国務長官代理会談（エネルギー部分）」（一九七四年五月二一日）。
136『朝日新聞（夕刊）』（一九七四年五月二二日）。
137 外務省情報公開文書外務大臣発内閣総理大臣宛「エネルギーの研究開発の分野における協力のための日本国政府とアメリカ合衆国との間の協定に関する閣議請議について」（一九七四年七月一〇日）。
138 *The New York Times*, May 22, 1974.;『朝日新聞（夕刊）』（一九七四年七月一六日）。
139『朝日新聞（夕刊）』（一九七四年五月二二日）。
140 外務省情報公開文書「エネルギーの研究開発の分野における協力のための日本国政府とアメリカ合衆国との間の協定に関する閣議請議について」（一九七四年七月一〇日）。
141『経済と外交』第六二八号（一九七四年九月）四五～四六頁。
142 Memorandum Briefing, From Winston to Springsteen, "For the President on Japan," August 26, 1974,

Box349 , Policy Planning Council Director's Files, 1969-1977, Lot Files, RG59, NA.

143 Memorandum, From Habib to Widman, Abramowitz, Daniels, Linebaugh, Shackley, Helfrich, Smyser, Hullander, Hume, Fox, Malmgren, "NSSM-210, Review of Japan Policy for the President's Visit to Japan, "September 26, 1974, NSA, No.01878.; National Security Study Memorandum NSSM 210, To the Secretary of the Treasury, the Secretary of Defense, the Deputy Secretary of State, the Director, Arms Control and Disarmament Agency, the Director of Central Intelligence, the Chairman, Atomic Energy Commission, "Review of Japan Policy for the President's Visit to Japan, "September 11,1974, NSA, No.01872.

144 『朝日新聞』（一九七四年八月一〇日）。米国青年政策指導者会議においても、フォード大統領は、日米関係における最大関心事の一つにエネルギー問題があることを語っている。

145 「田中角栄総理大臣とジェラルド・R・フォード大統領との間の共同声明」（一九七四年一一月二〇日）『経済と外交』第六三二号（一九七五年一月）二六〜二七頁。

146 NSA, No.01878.; NSA, No.01872.

第五章
化石燃料抑制の資源政策

1　温室効果ガス制限目標を課した京都議定書

（1）京都議定書批准に至る経緯

一九七五年八月、「環境保護の分野における協力に関する日米間の協定」が署名され、並行してOECD環境委員会において地球環境保全の取り組みが協議された。しかし、これらはさほど注目されるものではなく、環境問題として地球温暖化に対する関心が世界的規模で深まる契機となったのは、一九八八年、気候変動に関する政府間パネル（IPCC）が設立されたことによるものだった。

地球温暖化の原因は温室効果ガスの増加なのか、それとも周期的な自然現象なのか、このような論争が繰り返されるなかで、世界気象機関と国連環境計画によって設立されたIPCCは、多くの研究者が信頼できると認めた地球温暖化に関する論文を集めて報告書を作成する機関である。つまり温暖化に関する科学の集大成といえるものである＊1。一九九〇年、IPCCの第一次評価報告書が発表された＊2。この報告書を受けて、一九九一年七月のロンドン・サミットでは、翌年六月リオ・デ・ジャネイロで開催される「気候変動枠組条約（UNFCCC）」を支援する決意が示された。このような支援の下、一九九二年に採択された温暖化対策の条約「UNFCCC」は、「気候変動」と「人間の活動による地球温暖化」を関連づけることになった。つまり、気候変動問題が資源政策と密接な関係を持つことになったのである。日本で環境問題を人類共通の課題への対応として外交青書に記載されるようになったのもこの頃である。しかし、UNFCCCは温室効果ガス削減が各国の自主性に任される内容だったため、その効果は乏しく、世界経済が成長するに伴い温室効果ガスは増加していった。そこで、効果ある法的拘束力のある条約が必要とされた。

その結果、一九九五年ベルリンで第一回気候変動枠組条約締約国会議（COP1）が開催され、COP3までに先進国に数値化した削減目標を課すことになった。その結果、一九九七年京都で開催されたCOP3で「京都議定書」が採択されることになった。この議定書により、第一約束期間を二〇〇八年からの五年間とし、産業革命以来、化石燃料を大量に使って経済成長した先進国には温室効果ガス排出に対する大きな責任があるということから、先進国全体で一九九〇年の温室効果ガス排出量を基準に五％削減すること、各先進国に各々の削減目標を課すこと、そして、排出量取引制度を使って炭素の排出枠を売買できる炭素市場を導入すること等が決まった。炭素排出枠の売買という新しい仕組みを取り入れたことにより、自国の経済活動に有利な条件を獲得するための各国の外交交渉が活発化することになる。

日本は、COP3で一九九〇年を基準として温暖化ガス六種—二酸化炭素（CO_2）、メタン（CH_4）、一酸化二窒素（N_2O）、ハイドロフルオロカーボン類（HFCs）、パーフルオロカーボン類（PFCs）、六フッ化硫黄（SF6）—の排出量を第一約束期間中に六％削減することを約束した。この数値に対して、日本の経済界から大きな反対の声が上がることはなかった。米国では、COP3が開催される前の七月に連邦上院は九五対〇の満場一致で、途上国が実質的に地球温暖化ガス排出量を削減しないことになる協定には反対する旨を表明した「バード・ヘーゲル決議＊3」を可決していた。ＣＯＰ３の米国代表団は、アメリカに対する七％削減目標の合意に反対していたが、ゴア（Albert A. Gore, Jr.）米副大統領が京都に入ると七％削減を受け入れた。これは、ゴア大統領の強力なリーダーシップの成果だと日本のメディアは肯定的な報道をしたが、最終的にクリントン（William J. Clinton）政権が京都議定書の批准を議会に求めることはなかった。二〇〇一年一月大統領に就任したジョージ・Ｗ・ブッシュ（George W. Bush）は、同年三月二八日、先進国だけに削減義務が課されることは不公平であり、削減義務のない中国と比べるとアメリカ経済は不利になるとして京都議定書からの離脱を発表した。最低五五カ国の参加と先進国の温室効果ガス排出量が一九九〇年の五五％に達することが発効条件であったが、当時世界の排出量二〇％を占めていた米国が離脱することで、削減目標八％の欧州連合や六％の日本が批准しても発効条件を満たすことは難しかった。しかし、欧州や日本は発効に向けて力を注いだ。日本では、京都議定書早期発効を目指し、東南アジアの開発途上国に京都メカニズムのためのワークショップを開催する等、世界の温暖化対策をリードする役目を担う外交を展開した。他方米国に対しては、二〇〇一年七月、川口順子環境大臣は小泉純一郎内閣の一員として気候変動に関する日米ハイ・レベル協議に出席し、米国に具体的なアイデアの提出を求め国際合意に向けた協力を試みた＊4。二〇〇二年二月、小泉首相は、国際的な協定には参加しないが米国の気候変動政策として途上国との協力をもって取り組むというブッシュ大統領の提案を評価し、日米間の協力が話し合われた＊5。

日本は、二〇〇二年六月に京都議定書の批准を行ったが、米国が離脱したため発効条件が満たされるにはロシアの批准が必要であった。ロシアは、巧みな外交交渉で削減義務一九九〇年比ゼロ％となり、排出枠には大量の余剰が生まれることになっていた。実質的な削減にあまり取り組まず温暖化緩和に寄与しないロシアの二酸化炭素排出枠は「ホット・エア」と呼ばれ、ロシアは、「ホット・エア」を日本や欧州にどれだけ高く売れるかが重要であるという姿勢をあからさまにしていた*6。ロシアにとって京都議定書の批准は、地球環境問題ではなく排出権取引を利用した経済問題として捉えていたのである。二〇〇四年一一月一八日、ロシア連邦議会は批准書を国連に寄託し、ロシアの批准により発効条件が満たされた翌年の二〇〇五年二月一六日に京都議定書が発効された。二カ月後の四月二八日、日本は「京都議定書目標達成計画」を閣議決定し、国内の企業が排出量を算定し国へ報告しなければならない「排出量の算定・報告・公表制度」を導入した。

(2) 批准後の日本外交

その頃国際社会では、資源エネルギーに対する国際的規範の形成や遵守が大きな課題となり、二〇〇五年のグレンイーグルスG8を経て、国際エネルギー機関(IEA)はエネルギー効率指標の策定作業を委託されることになった。第一次石油危機を契機に国際石油市場安定のために設立されたIEAに、気候変動・エネルギー効率のための役割も加わったのである。翌二〇〇六年、サンクトペテルブルグG8では「世界のエネルギー安全保障」が主要議題の一つとなり、国際社会が協力して効果的に対処するための「行動計画」として、需要の増大、石油価格等の課題に加え、環境保護及び気候変動への対処という項目ができあがった。続く二〇〇七年四月、国連安全保障理事会の公開討論のテーマに初めて気候変動が取り上げられ、同年九月、首脳級で気候変動を集中的に議論する初の国連「気候変動に関するハイ・レベル会合」が開催される等、気候変動・エネルギー効率の問題が加速度的に国際社会で注目されるようになった。

日本では、エネルギー効率向上の国際社会への伝播と気候変動を関連づける方針をエネルギー安全保障のなかに取り入れ、その方針をアジア太平洋地域において展開していくことになった。その成果は、二〇〇七年一月、安倍晋三首相が参加した第二回東アジア首脳会議（ＥＡＳ）で採択された「東アジアのエネルギー安全保障に関するセブ宣言」で、各国が自主的な省エネ目標及び行動計画を策定することになり、さらに同年九月、第一五回アジア太平洋経済協力会議（ＡＰＥＣ）における「気候変動、エネルギー安全保障及びクリーン開発に関するシドニーＡＰＥＣ首脳宣言」の採択によって地域全体の省エネ目標へと繋げた。また一一月の第三回ＥＡＳ「気候変動、エネルギー及び環境に関するシンガポール宣言」では、自主的な省エネ目標を二〇〇九年までに策定するに至った。日米間でも、二〇〇九年一一月、鳩山由紀夫首相は日米が二〇五〇年までに自らの排出量を八〇％削減することを目指す共同メッセージ発出についての意義を語り、ＣＯＰ15の成功への合意形成をオバマ（Barack Obama）大統領に求めた＊7。また、その時に合意した「日米クリーンエネルギー技術協力」に基づき、二〇一〇年一一月、菅直人首相とオバマ大統領の間で「日米クリーンエネルギー政策対話」や「エネルギー・スマートコミュニティ・イニシアティブ」を立ち上げることになった＊8。さらに、国内体制を整えようと党派を超えて温暖化に対する「基本法」を作る審議にも入り、二〇五〇年八〇％削減の長期目標、排出量取引制度及び炭素税等、温暖化対策に有効だと思われる数々の提案が出された。だが、二〇一一年三月一一日の東日本大震災による原発事故を機に、基本法は成立することなく、二〇一二年に廃案となってしまった。震災前には電気の三割を供給していた原子力発電が止まり化石燃料の使用が増えたため、日本の温暖化ガス排出量は増加した。それ以来、電源構成について再生可能エネルギーの推進をはじめとするエネルギー資源と環境問題を一体とした国民的議論が沸き起こることになった。

そのような状況下、京都議定書で決められた削減実施期間の第一約束期間が終わる二〇一二年頃には、途上国の経済活動発展に伴い世界の温室効果ガス排出量は急増し、先進国だけが削減義務を負う京都議定書だけでは、温暖化の問題解決には繋がらないことが明らかになってきた。先進国も発展途上国もすべての国がお互いに公平感を持って温室効果ガス削減に取り組んでいくことができるか、これが大きな課題として浮上してきたのである。

このように気候変動問題として取り上げられる温室効果ガス削減に向けた政策は、化石燃料というエネルギー資源の使い方に関係する問題でもあり、資源外交に対するプライオリティ第三の項目「エネルギー効率改善を通じた需要の抑制」の一端を担う政策として取り組むべき課題となった。

2 すべての国の参加を求めたパリ協定

（1）パリ協定発効と日本外交

「すべての国の参加」と「法的拘束力」のある新しい国際的な取決めを求めて二〇一一年から始まった国際交渉は、二〇一五年末パリで開催されたＣＯＰ21で、粘り強い調整役を担ったファビウス（Laurent Fabius）仏外相議長の下、二〇二〇年以降の温室効果ガス排出削減等のための新たな法的枠組み「パリ協定」を採択するに至った。この協定は、加盟国すべてが参加する初の公平な合意として画期的なものとなった。二〇一六年九月、世界の温室効果ガス排出量第一位と第二位である中国と米国が同時に批准し、パリ協定の発効に向けた国際社会の機運が高まり、同年一一月四日、パリ協定は発効した。日本は批准が遅れ、発効後の一一月八日に締結国の一員となった。

パリ協定では、世界の平均気温上昇を産業革命前に比べて二℃より低く抑え、できれば一・五℃までに抑える努力をする目標、すべての国による削減目標の五年ごとの提出・更新、各国の適応計画プロセスと行動の実施、先進国が引き続き資金提供をすると同時に、途上国も自主的に資金提供をすること等が決まった。日本は、その過程でＣＯＰ21首脳会合に出席した安倍首相が、二〇二〇年までに現状の一・三倍の約一・三兆円の途上国向け資金支援を発表した。また、パリ協定を受け、二〇一六年五月に「地球温暖化対策計画」を閣議決定し、二〇三〇年度において温室効果ガスの二〇一三年度比二六％減を目指すことになった。一方、二〇一七年二月、トランプ（Donald J. Trump）大統領と安倍首相の間で日米経済対話の設立に合意し、同年一一月、その枠組みの中で「日米戦略エネルギーパートナーシップ」を進めていくことを確認した。特にエネルギー分野の協力においては、地域の経済成長、エネルギー安全保障、気候変動対策という三要素が掲げられた＊9。また、「第三国におけるエネルギーインフラ日米協力支援にかかる協力覚書」を日下部聡資源エネルギー庁長官とハーディ（Thomas R. Hardy）米貿易開発庁代表代行の間で交わし、具体的な政策に取り組むことになった。

しかし、このような日米間の協力は、気候変動を憂う環境団体の目には好意的に映らなかった。二〇一七年のＣＯＰ23開催中、世界の環境保護団体で組織する「気候行動ネットワーク」は、地球温暖化対策の前進を妨げる国を意味する「化石賞」に日本を選んだ。日本が単独で選ばれた理由は、トランプ大統領が来日した際、米国と協力して石炭火力発電所と原子力発電所の建設を世界に広げる合意をしたことによるものであった＊10。二〇一九年のＣＯＰ25においても、石炭に固執する日本に批判が高まり、期間中に二回も「化石賞」を受賞した。一回目は、梶山弘志経済産業大臣の「石炭火力発電等化石燃料の発電所は選択肢として残しておきたい」という発言が、ＣＯＰ25の交渉を後退させる言動とみなされたからである＊11。二回目は、小泉進次郎環境大臣のスピーチには前向きな姿勢が感じられたものの、前進的な回答があったわけではないという理由からであった＊12。

残念なことに、気候変動に関する基金への日本の多額の援助、例えば、開発途上国に温室効果ガス削減や気候変動への対処を支援するための「緑の気候基金」への初期拠出金が一五億ドルと一番の拠出国であるにも拘らず＊13、それに対する評価は少なく、日本は石炭国としてのイメージが強くつきまとっている。石炭火力発電は優れた技術の高効率のものでも天然ガスの約二倍の二酸化炭素を排出するため、気候変動の最大要因の一つとされている。国連のグテーレス（António M. Guterres）事務総長が二〇一九年九月の国連「気候行動サミット」で、二〇五〇年までに温室効果ガスゼロ・エミッション達成を唱え、石炭火力発電所の閉鎖を加速し、新設取消を訴え、同年一一月の国連環境計画報告書でも同様の問題が指摘されていたのである。また、ＣＯＰ25では、温室効果ガス削減目標を引き上げる案がまとまらず会期を二日間延長したが、細かいルール作成という目的を達成することはできなかった。地球温暖化の問題に対処する国際会議において、これを地球規模の問題として捉え、各国が公平と感じる条件を探り交渉にあたる、いわゆる会議を牽引できる国に日本がなれるのか、あるいは、非難される立場に置かれるのか、そして、エネルギー資源の使い方における国際協力にどう取り組むか、これらは日本外交に与えられた課題となった。

（2）日本外交の課題

二〇二〇年は、パリ協定参加国が、ＵＮＦＣＣＣ事務局に、温室効果ガス排出削減目標やそれを達成するための国別目標を見直し再提出する年であった＊14。二〇一八年にＩＰＣＣが出した「一・五℃特別報告書」で、各国が提出している二〇三〇年までの削減目標数値を合わせると、二一〇〇年には約三℃の気温上昇になると予測されているため、そのギャップを埋め目標を達成する努力数値を各国がどのように提示するかが明らかになるのである。日本では、二〇二〇年三月三〇日、内閣内に設置の地球温暖化対策推進本部が、国連に提出する内容を明らかにした。その目標数値は、二〇三〇年までに二〇一三年度比二六%と現状維持のままであった。世界第五位の排出大国である日本が目標を強化しないことは、国際社会で求められている脱炭素化に向けたリーダーシップとは真逆ではないかと、環境保全団体等は失望の念を表した*15。

化石賞をもらう等、日本の脱炭素化に対する取り組み方への非難という状況を受けとめ、安倍首相の後を継いだ菅義偉首相は、二〇二〇年一〇月二六日、所信表明演説で「温室効果ガス排出二〇五〇年に実質ゼロ」、「脱炭素社会の実現」、「石炭火力発電の抜本的転換」を表明し、日本政府の温室効果ガス排出問題に対する本格的な取り組み始動を国内外に示した。米国では、二〇二一年一月二〇日に就任したジョー・バイデン（**Joe R. Biden, Jr.**）米大統領が、就任初日に、トランプ大統領によって離脱していた気候変動抑制に関するパリ協定への復帰に関する大統領令に署名した。

日米トップ同士の気候変動に対する決意は、二〇二一年四月一六日（日本時間一七日）訪米した菅首相とバイデン米大統領との首脳会談で「日米気候パートナーシップ」を合意させた。「日米気候パートナーシップ」は、①温暖化対策の国際的枠組み「パリ協定」の着実な実施、②クリーンエネルギー技術の開発・普及、③インド太平洋地域の脱炭素化を支援の三本柱からなるもので、バイデン大統領は会見で「日米はクリーンエネルギーの技術を発展させ、インド太平洋地域の新興国に対し、脱炭素化を進めるために協力していく」と述べた。日本は次世代エネルギーとして期待がかかる水素の研究・開発や二酸化炭素の回収技術などで先行し、米国は小型で安全性が高い原子力発電の開発が進むというお互いの脱炭素技術に関する補完関係が見込め、連携を強めることになった*16。

二〇二一年四月二二日、米国主催の気候変動問題に関する首脳会議が、四〇の国と地域の首脳のオンライン出席で開催された。菅首相は、首相官邸で開かれた地球温暖化対策推進本部（本部長・菅首相）で新たな削減目標を表明してからサミットに参加し、「二〇三〇年度までに温室効果ガスを二〇一三年度比で四六％削減する。さらに五〇％の高みに向け、挑戦を続ける」と新たな目標を表明した。これまでの目標は二〇一三年度比二六％減であったので大幅な引き上げを発表した。同年一〇月二二日、菅政権の後を継いだ岸田文雄首相の下で、前年一〇月から総合資源エネルギー調査会において検討を開始していた第六次エネルギー基本計画が閣議決定されることになった＊17。安全性（Safety）、安定供給（Energy Security）、経済効率性（Economic Efficiency）、環境への適合（Environment）というS＋3Eの視点が重要と謳う第六次エネルギー基本計画は、二〇二〇年一〇月表明の「二〇五〇年カーボンニュートラル」や二〇二一年四月表明の「新たな温室効果ガス排出削減目標の実現に向けたエネルギー政策」における道筋を示すこと、及び、気候変動対策を進めながら日本のエネルギー需給構造が抱える課題の克服に向け安全性の確保を大前提に安定供給の確保やエネルギーコストの低減に向けた取組を示すこと、この二つを重要なテーマとして策定された。具体的には、資源・燃料に関する二〇三〇年に向けた政策対応のポイントとして、これまで資源外交で培った資源国とのネットワークを活用し、水素・アンモニアのサプライチェーン構築等、「包括的な資源外交」を新たに展開するとともに、アジアの現実的なエネルギートランジションに積極的に関与していくことが示されている。カーボンニュートラルへの円滑な移行を進めつつ、将来にわたって途切れなく必要な資源・燃料（石油・天然ガス・鉱物資源）の安定供給確保に加え、石油・天然ガスについて、自主開発比率を二〇一九年度の三四・七％から、二〇三〇年に五〇％以上、二〇四〇年には六〇％以上を目指すことや、メタンハイドレートを含む国産資源開発等に取り組むことも掲げられている。

二〇二一年一〇月三一日から英国のグラスゴーで開催されたＣＯＰ26では、岸田首相が一一月二日に首脳級会合に出席し、「二〇三〇年度までに温室効果ガスを二〇一三年度比で四六％削減する。さらに五〇％の高みに向け、挑戦を続ける」日本の方針を説明し、アジア等の脱炭素化のために五年間で最大一〇〇億ドルの追加支援を表明した。五カ月前に今後五年で約六〇〇億ドル支援の方針を表明していたので支援規模は約七〇〇億ドルということになる。二〇〇九年に先進国側が二〇二〇年時点で途上国側に官民で年一〇〇〇億ドルを拠出すると約束したが実際には二〇一九年度でも八〇〇億ドルにとどまっていたため、岸田首相の発言は、日本が率先して不足分を補う姿勢を示す形となった。また、発電燃料を化石燃料からアンモニアや水素に切り替えるため、アジアで一億ドル規模の先導的な事業を展開する日本の方針が示された。これらの数値目標に向けた具体的政策が実現できるか否かはいずれわかることであろう。

日本の資源外交戦略は、今後の経済発展が顕著と見込まれる地域（インド、中国、ＡＳＥＡＮ等）のエネルギー需要が増加することでエネルギー資源の争奪が危惧されることからも、エネルギー資源の安定供給確保が第一命題である。それに加え、温暖化に対する国際社会の協力が求められる時代にあって「脱炭素化へのシフト」も必須の課題である。その課題克服のために、経済界を動かす政策が効果的だとされ、気候変動への対応をビジネスチャンスと捉えられるよう、グリーンボンド発行*18、低炭素化・適応関連事業への投融資のための資金調達等の対策を促進する政策が加速している*19。

大気汚染が深刻だった一九六〇年代、液化天然ガスＬＮＧは硫黄や窒素を含まない「無公害燃料」と呼ばれた。「東京に青空を取り戻そう」を合言葉に、東京ガスが東京電力に共同調達を提案して手を結び、旧通産省が後押しするオールジャパン体制を構築し世界に先駆けて供給網を整え、アジアに関連インフラを輸出するまでに成長した*20。一九六九年一一月四日に初めてＬＮＧ船が日本に入港してから五〇有余年経った現在、再び官民一体で温室効果ガス排出ゼロに向けて取り組み、国際社会を牽引できる国となれるか、これは日本外交に与えられた課題の一つではないだろうか。

註

1 小西雅子『地球温暖化は解決できるのか―パリ協定から未来へ！』（岩波ジュニア新書、二〇一六年）一六頁。

2 小西『地球温暖化は解決できるのか―パリ協定から未来へ！』一七頁参照。第一次評価書では温暖化が人間活動によるとする予測には多くの不確実性があるとされたが、二〇一三～四年の第五次評価書では、人間による影響が二〇世紀半ば以降に観測された温暖化の最も有力な要因であった可能性が極めて高い（九五％）とされ、二〇二一年の第六次評価書では人間活動の影響は疑う余地はないと断定された。

3 バード（Robert Byrd）民主党上院議員とヘーゲル（Chuck Hagel）共和党上院議員が中心となって提出した法案。

4 外務省情報公開文書柳井俊二大使発「気候変動（日米ハイレベル協議結果概要）」（二〇〇一年七月一四日）。

5 外務省情報公開文書外務大臣発「日米首脳会談（拡大会合）」（二〇〇二年二月一八日）。

6 添谷芳秀「外交問題としての京都議定書」（経済産業研究所 <www.rieti.go.jp/jp/papers/journal/0311/sp.html>（二〇二〇年一〇月一三日アクセス）。

7 外務省情報公開文書外務大臣発「日米首脳会談（記録）」（二〇〇九年一一月一三日）。

8 外務省情報公開文書外務大臣発「日米首脳会談（記録）」（二〇一〇年一一月一五日）。

9 外務省情報公開文書「日米首脳会談（記録）」「日米首脳会談（記録）別電六：日米経済関係」（二〇一七年一月一四日）。

10『毎日新聞（夕刊）』（二〇一七年一一月一〇日）。

11 小西雅子「ＣＯＰ25―若者の声に大人たちは応えたか？」『世界』（岩波書店、二〇二〇年二月号）二一一頁。
12 小西「ＣＯＰ25―若者の声に大人たちは応えたか？」二一三頁。
13 米国は初期拠出金三〇億ドルであったが、離脱発表後拠出していないので実質一〇億ドル（二〇一九年五月現在）。
14 新型コロナウィルスの影響で二〇二〇年のＣＯＰは翌年に延期。
15 ＷＷＦ気候変動・エネルギーニュース「日本の国別目標強化なし再提出に強く抗議」（二〇二〇年三月三〇日）。
16『読売新聞』（二〇二一年四月一八日）。

17「エネルギー基本計画」とは、エネルギー政策の方向性を政治主導で進めるために二〇〇二年に制定された「エネルギー政策基本法」に基づいて作成されるもので、「安定供給の確保」「環境への適合」「市場原理の活用」を基本理念に掲げ、約三年に一回見直すことになっている。二〇〇三年一〇月閣議決定の「第一次エネルギー基本計画」では原子力の推進を明確に示した。二〇〇七年三月の「第二次エネルギー基本計画」では「原子力立国」の実現を、二〇一〇年六月の「第三次エネルギー基本計画」では、当時の鳩山首相が「温室効果ガス一九九〇年度比二五％削減」を公約したことを背景に、CO_2削減手段として「原子力の新増設」を明記した。二〇一一年三月の東日本大震災に伴う原発事故を受け、二〇一四年四月の「第四次エネルギー基本計画」では「原発依存度の低減」を明記、二〇一八年七月の「第五次エネルギー基本計画」では「再エネの主力電源化を目指す」ことが掲げられた。
18 温暖化対策、環境プロジェクト等の資金を調達するために発行される債権。
19 デロイトトーマツコンサルティング合同会社「平成二九年度地球温暖化問題等対策調査」（二〇一八年三月）三頁。
20『日本経済新聞』（二〇二一年五月三日）。「東ガスに東電が共同調達を提案。ミスターＬＮＧが奔走した初輸入までの一〇年」『ＬＮＧ半世紀　第一回　先人の決断』（東京新聞デジタル、二〇一九年一一月一九日）。

おわりに

日本は、第一次石油危機を契機として「資源・エネルギー安定供給の確保」のために、資源保有国との関係を深め、多角的ルートを開拓し、自主資源確保の政策を推進していくことになった。『エネルギー白書　二〇一九』によれば近年一次エネルギー供給源に石炭や天然ガスが増え、石油依存率は二〇一八年度三七・六％となったが、原油中東依存率は八八・三％である。今後の課題は、油田やガス田開発への積極的投資により海外資源の権益獲得や国内における資源開発を進めていくことで、資源の安定的な供給を確保する政策に取り組み、且つ、原油輸入の約九割、天然ガス輸入の約二割を中東に依存している現状に鑑み、供給ルートの拡大及び中東産油国をはじめとする資源供給国との良好な関係を継続することが重要な政策とされている。これが日本の資源外交の第一の柱である。（参照①）

第二の柱である「国際機関との連携強化、国際協調・協力の推進」として、第一次石油危機を契機に国際石油市場安定のために設立されたＩＥＡへの貢献である。その加入国は各国必要量の石油備蓄を義務づけられ、協調体制を整え、緊急時にも対応できる制度を構築した。現在、ＩＥＡは、エネルギー安全保障の確保（Energy Security）、経済成長（Economic Development）、環境保護（Environmental Awareness）、世界的なエンゲージメント（Engagement Worldwide）の「四つのＥ」を目標に掲げ、エネルギー政策全般をカバーする機関となっている。日本の分担金は米国に次ぎ第二位（二〇一九年、一三・四一五％）で、ＩＥ

Aを支える重要国である。（参照②）

そして第三の柱となる「エネルギー効率改善を通じた需要の抑制」に関して、温室効果ガス削減が国際社会の命題となっている昨今、脱炭素化を推進する政策が求められている。日本は、発展途上国への技術支援等を行っているものの、高効率の工場でも温室効果ガス排出量が天然ガスの二倍の数値を持つ石炭の使用削減について積極的な回答を出せずにいる。パリ協定締結後、温暖化対策に逆行する国として、環境団体から「化石賞」を授与されるという不名誉な出来事も起こった。

一九七三年の石油危機以来、日本では化石燃料に頼り過ぎない社会を作ろうと省エネ政策やエネルギー源分散を進めてきたが、二〇一一年の東日本大震災によりすべての原子力発電所が停止したこともあり、二〇一八年度には化石燃料への依存度は約八五・五％となった*1。しかし、原子力発電については国民の合意を得るのは難しいのが現状である。経済界を取り込み、エネルギー効率の高い省エネ技術をさらに開発し、低炭素社会の中で豊かに暮らせる知見が求められている。CO_2排出量のうち九三％（二〇一八年度）がエネルギー起源CO_2（燃料の燃焼で発生・排出されるCO_2）である日本にとって*2、国内の温室効果ガス排出問題が化石燃料政策と直結する問題であることを念頭において対処しなければならない。

ＣＯＰ26では、議長国である英国や米国等は世界全体で二〇五〇年までに温室効果ガス排出実質ゼロを目指すも、インドは二〇七〇年まで、中国やロシアは二〇六〇年までと足並みが揃っていないのが現状である。日本が化石燃料抑制の国際的な取組みに協力し、地球温暖化の問題解決に向けた国際会議を牽引する存在感のある国になれるのか、あるいは、非難される立場に置かれるのかは、日本外交に与えられた課題の一つである。（参照③）

本書は、著者の博士論文「第一次石油危機と日本外交―資源政策における日米関係と多国間協調―」及び、慶應義塾大学法学研究会編『法学研究』（第九四巻第二号、二〇二一年二月）に掲載された論文「エネルギー資源と日本外交―化石燃料政策の変容を通して」を基礎にしている。

註

1 『エネルギー白書　二〇一九』に依拠、内訳は三七・六%石油、二五・一%石炭、二三・九%天然ガス。

2 資源エネルギー庁「二〇五〇年カーボンニュートラルの実現に向けた検討」（二〇二〇年一一月一七日）五頁。

＊参照①（エネルギー白書二〇二〇資源エネルギー庁より）

最大の輸入元はサウジアラビアで、二〇一九年の一年間だけで日本は六一九七万キロリットルもの原油を輸入している。日本の国産原油産出量は年間で六〇万キロリットル前後。サウジアラビア一国からのみで、日本国産原油の一〇〇倍以上もの原油を輸入している計算になる。次いで多いのはＵＡＥ（アラブ首長国連邦）、カタール、クウェート、ロシア。ロシアはともあれ、中東地域の国名が並ぶ。そしてやや値を落としてアメリカ合衆国、オマーン、バーレーン、イランが続く。これを円グラフにすると次の形となる。中東地域に大きく依存している現状が把握できる。

赤系統色で着色したのが中東地域。オイルショック等の影響でリスク分散の必要性が認識されたことから、中東地域以外からの輸入が積極的に推し進められ、一九八七年度には日本の石油における中東依存度は六八％程度にまで減少していた。しかしその後、中東地域以外の産油国の多くが、経済発展とともに自国の原油を消費し始め、輸出ができなくなってしまう事態が生じてしまう。石油統計の資料を見る限りでは、最近では例えば中国がその傾向を見せている。手元にある過去の分も含めたデータでは二〇一一年以降の年次値が確認できるが、年々中国からの輸入量は減少し、二〇一三年ではついにゼロとなり、それは今回年の二〇一九年でも続いている。必然的に中東依存度は再び上昇する。社会を維持

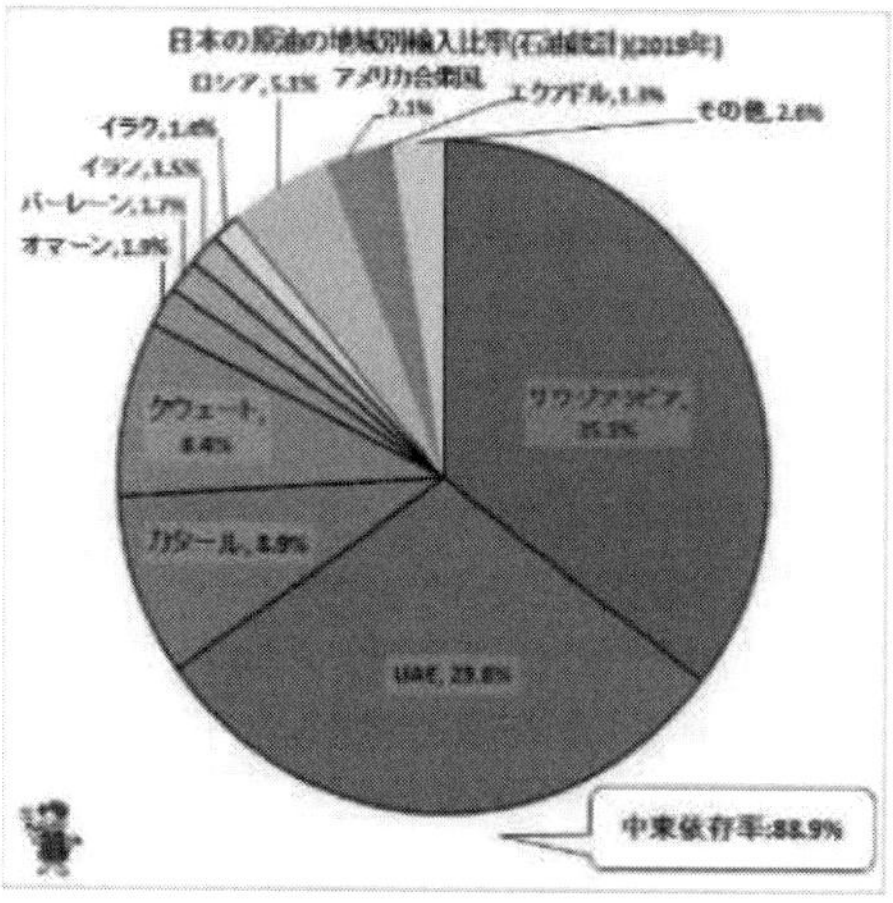

日本の原油の地域別輸入比率
（石油統計）（2019年）

するために欠かせないエネルギー源の一つである原油を過不足無く常時確保し、国内に供給し続けるためには、産油国への経済協力をはじめとした国際協調の推進が欠かせない。そしてそれとともに、海路の安全性に関する重要性の認識とその維持への注力、輸入先の分散化が求められよう。

＊参照② 日本にとってのＩＥＡの意義

（外務書ＩＥＡの概要より二〇二一年九月一三日）

石油供給の大半を外国に依存する日本は、供給途絶の際、ＩＥＡの緊急時対応システムにより裨益するところが大きく、ＩＥＡは日本のエネルギー安全保障上、極めて重要。エネルギー政策全般にわたる知見で高い国際的評価を得ているＩＥＡは、知識ベースとして、また、意見交換の場として重要。

四～五年毎に実施される国別詳細審査等を通じてＩＥＡが行う政策提言は、我が国のエネルギー政策にとって有益なインプットとなり得る。

日本は、ＩＥＡ諸活動に積極的に参加しており、日本の分担金分担率は米国に次ぎ第二位（二〇二一年、一三・〇六八％）。なおＩＥＡの正規職員約三〇〇名のうち邦人職員は一一名（二〇二一年八月現在）。

＊参照③ 各国の温室効果ガス排出削減の掲げる数値

中 国	2030年までにピーク、2060年より前に実質ゼロの目標を維持
米 国	2030年のCO_2排出量を2005年比で50～52％減
インド	2030年までのCO_2削減で対米協力
ロシア	2020年秋に2030年の排出量を1990年比で7割に抑制する目標を策定
日 本	2030年度に2013年度比で46％削減。従来の26％から引き上げ
ドイツ	EU加盟国と欧州議会が2030年までの1990年比55％以上削減で合意
カナダ	2030年までの排出量を2005年比で40～45％削減

（注）CO_2排出量の多い国順に表記。『日本経済新聞（夕刊）』（2021年4月23日）参照編集。

資料① 1973年11月22日 中東問題に関する二階堂官房長官談話(英文)
(問題の部分の表記)

1. The Government of Japan has consistently hoped that a just and lasting peace in the Middle East will be achieved through the prompt and complete implementation of Security Council Resolution 242, and has continued to request the efforts of the parties and countries concerned. It has been prompt in supporting the United Nations General Assembly resolution concerning the rights of the Palestinian people for self-determination.

2. The Government of Japan is of the view that the following principles should be adhered to in achieving a peace settlement: (1) the inadmissibility of acquisition and occupation of any territories by use of force; (2) the withdrawal of Israeli forces from all the territories occupied in the 1967 war; (3) the respect for the integrity and security of the territories of all countries in the area and the need of guarantees to that end, and (4) the recognition of and respect for the legitimate rights of the Palestinian people in accordance with the Charter of the United Nations in bringing about a just and lasting peace in the Middle East.

3. The Government of Japan urges that every possible effort be made to achieve a just and lasting peace in the Middle East in compliance with the above-mentioned principles. Needless to say, it is the intention of the Government of Japan to make as much contribution as possible toward that end.

The Government of Japan, deploring Israel's continued occupation of Arab territories, urges Israel to comply with these principles. The Government of Japan will continue to observe the situation in the Middle East with grave concern and, depending on future developments, may have to reconsider its policy toward Israel.

reference: *Japan Times,* November 23, 1973.

資料② 中東問題に関する国連安保理決議242号 (問題の部分の表記)

(英語版)	(フランス語版)
Resolution 242 (1967) of 22 November 1967 *The Security Council,* *Expressing* its continuing concern with the grave situation in the Middle East, *Emphasizing* the inadmissibility of the acquisition of territory by war and the need to work for a just and lasting peace in which every State in the area can live in security, *Emphasizing further* that all Member States in their acceptance of the Charter of the United Nations have undertaken a commitment to act in accordance with Article 2 of the Charter, 1. *Affirms* that the fulfilment of Charter principle requires the establishment of a just and lasting peaces in the Middle East which should include the application of both the following principles : (i) Withdrawal of Israel armed forces from territories occupied in the recent conflict ; (ii) Termination of all claims or states of belligerency and respect for and acknowledgement of the	Résolution 242 (1967) du 22 novembre 1967 *Le Conseil de sécurité,* *Exprimant* l'inquiétude que continue de lui causer la grave situation au Moyen-Orient, *Soulignant* l'inadmissibilité de l'acquisition de territoire par la guerre et la nécessité d'œuvrer pour une paix juste et durable permettant à chaque Etat de la région de vivre en sécurité, *Soulignant* en outre que tous les Etats Membres, en acceptant la Charte des Nations Unies, ont contracté l'engagement d'agir conformément à l'Article 2 de la Charte, 1. *Affirme* que l'accomplissement des principes de la Charte exige l'instauration d'une paix juste et du rable au Moyen-Orient qui devrait comprendre l'application des deux principes suivants : i)Retrait des forces armées israéliennes des territoires occupés lors du récent conflit ; ii) Cessation de toutes assertions de belligérance ou de tous états de belligérance et respect et

sovereignty, territorial integrity and political independence of every State in the area and their right to live in peace within secure and recognized boundaries free from threats or acts of force ;	reconnaissance de la souveraineté, de l'intégrité territoriale et de l'indépendance politique de chaque Etat de la région et de leur droit de vivre en paix à l'intérieur de frontières sûres et reconnues à l'abri de menaces ou d'actes de force ;
2.*Affirms* further the necessity	2. *Affirme* en outré la nécessité
(*a*) For guaranteeing freedom of navigation through international waterways in the area ;	*a*) De garantir la liberté de navigation sur les voies d'eau internationales de la region ;
(*b*) For achieving a just settlement of the refugee problem ;	*b*) De réaliser un juste règlement du problème des réfugiés ;
(*c*) For guaranteeing the territorial inviolability and political independence of every State in the area, through measures including the establishment of demilitarized zones ;	*c*) De garantir l'inviolabilité territoriale et l'indépendance politique de chaque Etat de la région, par des mesures comprenant la création de zones démilitarisées ;
3. *Requests* the Secretary-General to designate a Special Representative to proceed to the Middle East to establish and maintain contacts with the States concerned in order to promote agreement and assist efforts to achieve a peaceful and accepted settlement in accordance with the provisions and principles in this resolution ;	3. *Prie* le Secrétaire général de désigner un représentant spécial pour se rendre au Moyen-Orient afin d'y établir et d'y maintenir des rapports avec les Etats intéressés en vue de favoriser un accord et de seconder les efforts tendant à aboutir à un règlement pacifique et accepté, conformément aux dispositions et aux principes de la présente résolution ;
4. *Requests* the Secretary-General to report to the Security Council on the progress of the efforts of the Special Representative as soon as possible.	4. *Prie* le Secrétaire général de présenter aussitôt que possible au Conseil de sécurité un rapport d'activité sur les efforts du

	représentant spécial.
Adopted unanimously at the 1382nd meeting.	*Adoptée à l'unanimité à la 1382e séance.*

reference: http://www.un.org/documents/sc/res/1967/scres67.htm (accessed May 19, 2007).

参考文献　英語表記

NA　：National Archives II, College Park, Maryland

NSA ：Japan and the United States: Diplomatic, Security and Economic Relations, 1960-1976 [microfiche], The National Security Archive ed., Ann Arbor, (Mich.: Bell & Howell Information and learning, 2000)

DDRS : <http://galenet.galegroup.com./servlet/DDRS?vrsn=1.0&slb=KE&locID=keiouni&srchtp=basic&C>

DNSA : <http://nsarchive.chadwyck.com.kras7.lib.keio.ac.jp:2048/>

略称表記

APEC　(Asia Pacific Economic Cooperation) アジア太平洋経済協力会議
EAS　(East Asia Summit) 東アジア首脳会議
EC　(European Communities) 欧州共同体
ECC　(European Economic Community) 欧州経済共同体
ECG　(Energy Consulting Group) エネルギー調整グループ
GATT　(General Agreement on Tariffs and Trade) 関税および貿易に関する一般協定
GHQ　(General Headquaters, the Supreme Commander for the Allied Powers) 連合国軍最高司令官総司令部
GNP　(Gross National Product) 国民総生産
IEA　(International Energy Agency) 国際エネルギー機関
IEP　(Integrated Emergency Program) 総合的緊急計画
IMF　(International Monetary Fund) 国際通貨基金
IPCC　(Intergovernmental Panel on Climate Change) 気候変動に関する政府間パネル
JETRO　(Japan External Trade Organization) 日本貿易振興機構
NATO　(North Atlantic Treaty Organization) 北大西洋条約機構
OAPEC　(Organization of Arab Petroleum Exporting Countries) アラブ石油輸出国機構
OECD　(Organisation for Economic Co-operation and Development) 経済協力開発機構
OPEC　(Organization of the Petroleum Exporting Countries) 石油輸出国機構
PAG　(Petroleum Advisory Group) 石油顧問団
UNRWA　(United Nations Relief and Works Agency for Palestine Refugees in the Near East) 国際連合パレスチナ難民救済事業機関
UNFCCC　(United Nations Framework Convention on Climate Change) 気候変動に関する国際連合枠組条約
　――COP (Conference of the Parties) ――締約国会議

あとがき（謝辞を兼ねて）

若かりし大学生時代、学問に熱心とは言えず、競技ダンスに夢中になり最低限の単位で卒業したためか、三人の子育て一段落後の五〇歳代から真剣に勉強したいという気持ちが芽生えてきました。

大学院の過去の入試問題を見た時、受験しても合格はできないと判断し、慶應義塾大学通信課程に入学。そこで三〇数年ぶりに与えられた課題の関係本を読み込みレポートを提出、合格すると、その科目のテストに臨む。それを二〇科目こなし、夏期スクーリング、夜間スクーリングに出席。学ぶということがこんなに面白いこととは、若い頃に感じたことのない感覚に酔いしれました。夜間スクーリングで受講した戦後日本外交史、これが私の大学院生活の恩師となる添谷芳秀先生との出会いでした。一回目の講義で、私の研究したいことはこれだと思ったのです。修士課程を経て後期博士課程に入り、テーマを絞り、私の子供たちより若い添谷ゼミの先輩の指導も受けながら、無事に博士の学位を授与していただきました。その間、二年間ケンブリッジに行かれた国際政治経済学の田所昌幸先生の研究室の留守をお預かりし、渋沢栄一記念財団による日米英の学者を招聘した奥入瀬セミナー開催のための一連の事務作業、開催後の文字起こし等の仕事の一端を田所先生から任されたことは得難い経験となりました。

国際政治論の赤木完爾先生、中国研究の国分良成先生・高橋伸夫先生、ＥＵ研究の田中俊郎先生・細谷雄一先生、憲法特殊講義の小林節先生と共同担当の平沢勝栄先生をはじめとする素晴らしい教授陣の講義を受けられたこと、研究発表には必ず見えて感想をくださった政治・社会論の有末賢先生、英語のプレゼンテーションを手厳しく指導してくださるアカデミック・プレゼンテーションの授業、また、生涯学習開発財団による五〇歳以上対象の博士号取得支援事業として授与される奨学金対象者となり、第一号博士取得者として財団から祝福していただいたこと等々、周りの方々との有難いご縁に感謝しながら大学院生活を修了しました。その後、慶應義塾大学法学部にて教鞭をとる機会をいただき、政治学、国際政治論、日本外交史、演習等の講義を担当することになりました。

そして、母校の同窓会を通して知遇を得た池井優名誉教授には、多大なる恩義を感じている次第です。偶然にも、池井先生がミシガン大学の客員教授時代、ミシガン大学の博士課程に在籍していらしたのが、私の指導教授である添谷先生ということで、私は池井先生の孫弟子のような者であります。日本国際政治学会で初めて発表の機会を得た時、添谷先生がアメリカ出張でご不在のため、池井先生が丁寧にご指導してくださり、自信をもって本番に臨めたことは忘れられない思い出です。またこの度、大変お世話になりました芙蓉書房出版の代表取締役社長平澤公裕氏を紹介してくださったのも池井先生でした。一冊の書物を世に送り出す作業は、多くの方々のご協力の賜物と心底感じている今日この頃です。

慶應義塾大学を定年で終えた後、立正大学で現在も講義を受け持っており、現代社会で起きている様々な国際問題を語るために、研究生活は欠かすことのできないものとなっています。

最後に、五〇歳を過ぎて勉学に目覚めた娘を喜んでくれた父、資料収集のために休暇をとってワシントンD.C.やロンドンに同行してくれた夫、各々家庭を持っている三人の子供たちが応援してくれていることは、私の研究生活の原動力となっております。

二〇二一年一二月

池上　萬奈

ま 行

や 行

わ 行

（日本、米国は索引対象外）

た　行

さ 行

か　行

事項索引

ら　行

は 行

ま 行

や 行

人名索引

著　者
池上　萬奈（いけがみ　まな）
1974年慶應義塾大学文学部史学科卒業、2008年同大学大学院法学研究科前期博士課程、2013年後期博士課程修了、博士（法学）。その後、慶應義塾大学大学院法学研究科助教（有期・研究奨励）、同大学法学部非常勤講師を経て、現在、立正大学法学部非常勤講師。日本国際政治学会、国際安全保障学会会員。
主な業績：慶應義塾大学大学院法学研究科内『法学政治学論究』刊行会編「第一次石油危機における日本の外交―石油政策と日米関係―」『法学政治学論究』第79号（2008年冬季号）、「対越経済援助における日本外交―経済援助再開の試みと日米関係―」『法学政治学論究』第85号（2010年夏季号）、「日本の新中東政策形成過程の考察―第一次石油危機とキッシンジャー構想を中心に―」『法学政治学論究』第87号（2010年冬季号）、学位論文「第一次石油危機と日本外交―資源政策における日米関係と多国間協調」（慶應義塾大学、2012年）、日本国際政治学会編「第一次石油危機における日本外交」『国際政治』第177号（2014年）、慶應義塾大学法学研究会編「エネルギー資源と日本外交―化石燃料政策の変容を通して―」『法学研究』第94巻第2号（2021年2月）等。

エネルギー資源と日本外交
――化石燃料政策の変容を通して　1945年～2021年――

2022年　2月26日　第１刷発行

著　者
池上《いけがみ》　萬奈《まな》

発行所
㈱芙蓉書房出版
（代表　平澤公裕）
〒113-0033東京都文京区本郷3-3-13
TEL　03-3813-4466　FAX　03-3813-4615
http://www.fuyoshobo.co.jp

印刷・製本／モリモト印刷

ISBN978-4-8295-0829-9